BA KOMPAKT

W0189487

Reihenherausgeber:

Martin Kornmeier, Berufsakademie Mannheim
Willy Schneider, Berufsakademie Mannheim

BA KOMPAKT

Bisher erschienen:

Martin Kornmeier
Wissenschaftstheorie und wissenschaftliches Arbeiten
2007. ISBN 978-3-7908-1918-2

Willy Schneider

Marketing

Mit 61 Abbildungen und 10 Tabellen

Physica-Verlag

Ein Unternehmen
von Springer

Prof. Dr. Willy Schneider
Berufsakademie Mannheim
Studiengang Handel
Coblitzweg 7
68163 Mannheim
schneid@ba-mannheim.de

ISSN 1864-0354

ISBN 978-3-7908-1941-0 Physica-Verlag Heidelberg

Bibliografische Information der Deutschen Nationalbibliothek
Die Deutsche Nationalbibliothek verzeichnet diese Publikation in der Deutschen Nationalbibliografie; detaillierte bibliografische Daten sind im Internet über http://dnb.d-nb.de abrufbar.

Dieses Werk ist urheberrechtlich geschützt. Die dadurch begründeten Rechte, insbesondere die der Übersetzung, des Nachdrucks, des Vortrags, der Entnahme von Abbildungen und Tabellen, der Funksendung, der Mikroverfilmung oder der Vervielfältigung auf anderen Wegen und der Speicherung in Datenverarbeitungsanlagen, bleiben, auch bei nur auszugsweiser Verwertung, vorbehalten. Eine Vervielfältigung dieses Werkes oder von Teilen dieses Werkes ist auch im Einzelfall nur in den Grenzen der gesetzlichen Bestimmungen des Urheberrechtsgesetzes der Bundesrepublik Deutschland vom 9. September 1965 in der jeweils geltenden Fassung zulässig. Sie ist grundsätzlich vergütungspflichtig. Zuwiderhandlungen unterliegen den Strafbestimmungen des Urheberrechtsgesetzes.

Physica-Verlag ist ein Unternehmen von Springer Science+Business Media

springer.de

© Physica-Verlag Heidelberg 2007

Die Wiedergabe von Gebrauchsnamen, Handelsnamen, Warenbezeichnungen usw. in diesem Werk berechtigt auch ohne besondere Kennzeichnung nicht zu der Annahme, dass solche Namen im Sinne der Warenzeichen- und Markenschutz-Gesetzgebung als frei zu betrachten wären und daher von jedermann benutzt werden dürften.

Herstellung: LE-TeX Jelonek, Schmidt & Vöckler GbR, Leipzig
Umschlaggestaltung: WMX Design GmbH, Heidelberg

SPIN 11977445   88/3100YL - 5 4 3 2 1 0   Gedruckt auf säurefreiem Papier

Vorwort

Die vorliegende Publikation kann ohne Übertreibung als bislang einzigartig gelten. Das studiengangsübergreifende Marketing-Lehrbuch ist das erste, das sowohl inhaltlich als auch methodisch genau auf das 2006 eingeführte Bachelor-Studium an den Berufsakademien in Baden-Württemberg zugeschnitten ist. Den konzeptionellen Rahmen bilden die im Studienplan des Studienbereichs Wirtschaft festgelegten Lernziele, -inhalte und anvisierten -ergebnisse der ABWL-Lehrveranstaltung Marketing. Konkret werden drei Anliegen verfolgt:

- Vermittlung des Lehrstoffs Marketing
- Gezielte Prüfungsvorbereitung im Rahmen des Selbststudiums anhand Wiederholungs- und Testfragen sowie den dazugehörigen Lösungshinweisen
- Gruppenarbeit anhand einer komplexen Fallstudie, deren Aufgabenstellungen von der Marketingforschung über die Zielbildung bis hin zur Entwicklung von Strategien und deren Umsetzung durch das Marketing-Mix reichen. Diese unterstützen den Leser dabei, sein erlangtes Wissen auf einen komplexen Praxisfall anzuwenden, was den Transfer sowie die Vernetzung des Erlernten fördert.

Der Aufbau des Buches orientiert sich an dem im Studienplan vorgegebenen entscheidungstheoretischen Ansatz. Die beiden einleitenden Kapitel sind den verhaltenswissenschaftlichen Grundlagen des Marketing sowie dem grundlegenden Aufbau einer Marketing-Konzeption gewidmet. Den Stufen der Marketingplanung entsprechend folgen Marketing-Ziele, Marktforschung, Marketing-Strategien, Marketing-Mix sowie Marketing-Kontrolle.

Das vorliegende Buch zeichnet sich durch folgende Eigenschaften aus:
- Selektion der für den Studierenden wichtigen Sachverhalte und damit Fokussierung auf die im Studienplan geforderten Lerninhalte
- Nachvollziehbare Strukturierung des Stoffes, die durch die Visualisierung mit Hilfe von Graphiken unterstützt wird
- Veranschaulichung der theoretischen Ausführungen durch konkrete Fallbeispiele
- Ausrichtung an den im Studienplan geforderten Methoden Lehrveranstaltung, Gruppenarbeit sowie Selbststudium

Wo immer möglich und sinnvoll, werden die Ausführungen durch Praxisbeispiele sowie Fallstudien angereichert. Grundsätzlich wird auf eine verdichtete, übersichtliche und anschauliche Darstellung besonderen Wert gelegt. Durch Testfragen und die komplexe Fallstudie BICK's Bier wird sichergestellt, dass Dozenten ihre Studierenden mit dem im Studienplan verbindlich geforderten Workload von rund 60 Stunden versorgen können.

Zielgruppe der vorliegenden Publikation sind Studierende und Dozenten sämtlicher Studiengänge des Studienbereichs Wirtschaft an den Berufsakademien in Baden-Württemberg sowie in denjenigen Bundesländern, die ihre Studiengänge an dem zugrunde gelegten Studienplan ausrichten (u.a. Berlin, Thüringen und Sachsen). Ihnen liegt erstmals ein Marketing-Lehrbuch vor, das genau auf ihre Bedürfnisse zugeschnitten ist. Darüber hinaus richtet sich das Buch an Studierende und Dozenten im Fach Marketing in Bachelor-Studiengängen an Universitäten, Fachhochschulen und anderen Berufsakademien.

Als Service für Dozenten stellen wir auf der Webseite www.springer.com/de/978-3-7908-1941-0 Auszüge aus dem Buch sowie die entsprechenden Vorlesungsfolien zum Download zur Verfügung.

Heidelberg, im Februar 2007

Prof. Dr. Willy Schneider

Inhaltsverzeichnis

1 Verhaltenswissenschaftliche Grundlagen

Lernziele **Dieses Kapitel vermittelt:**

- was Marketing in seinem heutigen Begriffsverständnis bedeutet und
- warum sich Marketing im Verhalten der Konsumenten widerspiegelt.

1.1 Begriff und Grundkonzept des Marketing

Als Ursprungsland des Marketing gilt die USA. Marketing (englisch: to market = to buy or sell on markets) reifte dort um das Jahr 1910 zu einem Schlagwort für die systematische Vermarktung von Produkten heran.

Vereinfacht ausgedrückt lässt sich Marketing in seinem heutigen Begriffsverständnis als marktorientierte Unternehmensführung bezeichnen, d.h. als Entscheidungsfindung, bei der die Signale des Marktes systematisch erfasst und berücksichtigt werden (vgl. Meffert 2000, S. 8; Nieschlag/Dichtl/Hörschgen 2002, S. 14). Hierbei ist ein Unternehmen folgenden **fünf Wettbewerbskräften** ausgesetzt (vgl. Porter 1999a sowie Abb. 1):

- Auf der **vertikalen Ebene** stehen Unternehmen in einem Spannungsfeld zwischen ihren Lieferanten auf der Beschaffungsseite und ihren Abnehmern auf der Absatzseite. Zu den Lieferanten von Ressourcen im weiteren Sinne zählen die Lieferanten im engeren Sinne (betrifft Beschaffungsmarketing), die Kapitalgeber in Gestalt von Fremdkapitalgebern und Anteilseignern (betrifft Finanzmarketing) sowie potentielle Mitarbeiter (betrifft Personalmarketing). Auf der Absatzseite treffen Unternehmen (im Falle von Herstellern) auf den Handel (betrifft vertikales Marketing) sowie die Endverbraucher (betrifft endverbrauchergerichtetes Marketing).
- Auf der **horizontalen Ebene** konkurrieren Unternehmen mit derzeitigen und potentiellen Wettbewerbern sowie den Anbietern von Substitutionsprodukten (etwa Brauereien mit den Produzenten alkoholfreier Getränke oder mit Winzergenossenschaften).

Abb. 1: Die fünf Wettbewerbskräfte einer Branche

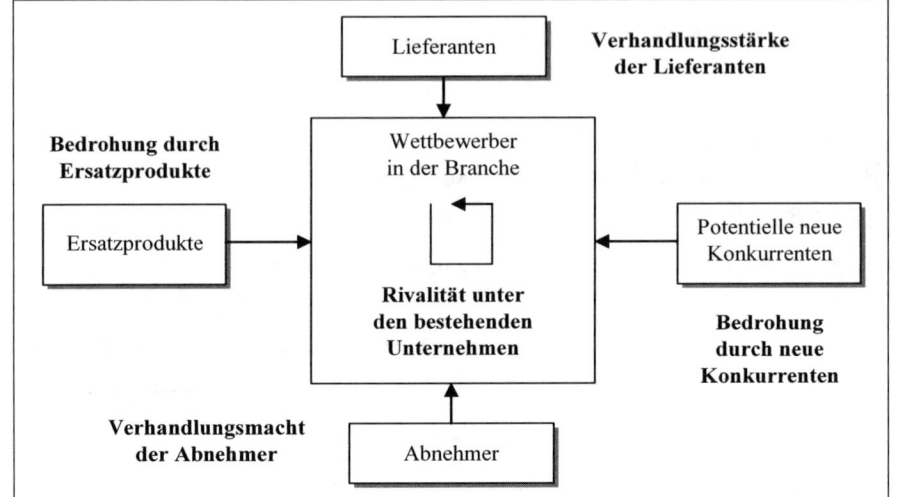

Quelle: Porter (1999a, S. 26).

Damit übernimmt das Marketing in Unternehmen eine **Doppelfunktion** (sog. Januskopf des Marketing; vgl. hierzu Abb. 2 sowie Meffert 2001, S. 959; Nieschlag/Dichtl/Hörschgen 2002, S. 14; Uhr/ Müller 1998):

- **Marketing als Leitkonzept bzw. Unternehmensphilosophie (= I)**
  Hierunter versteht man eine Grundhaltung, die sich dadurch auszeichnet, dass sämtliche Unternehmensaktivitäten konsequent an den Anforderungen der Märkte und hier insbesondere der Kunden und Wettbewerber auszurichten sind (= unternehmensbezogene Denkhaltung).

- **Marketing als Unternehmensfunktion (= II)**
  Dieser Bereich betrifft die konkrete Ausgestaltung der Absatzfunktion und damit die Anerkennung des Absatzes als gleichberechtigte Unternehmensfunktion (= funktionenorientierte Denkhaltung) neben anderen Funktionen wie Beschaffung, Lagerhaltung, Rechnungswesen etc.

Abb. 2: Die Doppelfunktion des Marketing in der Wertkette

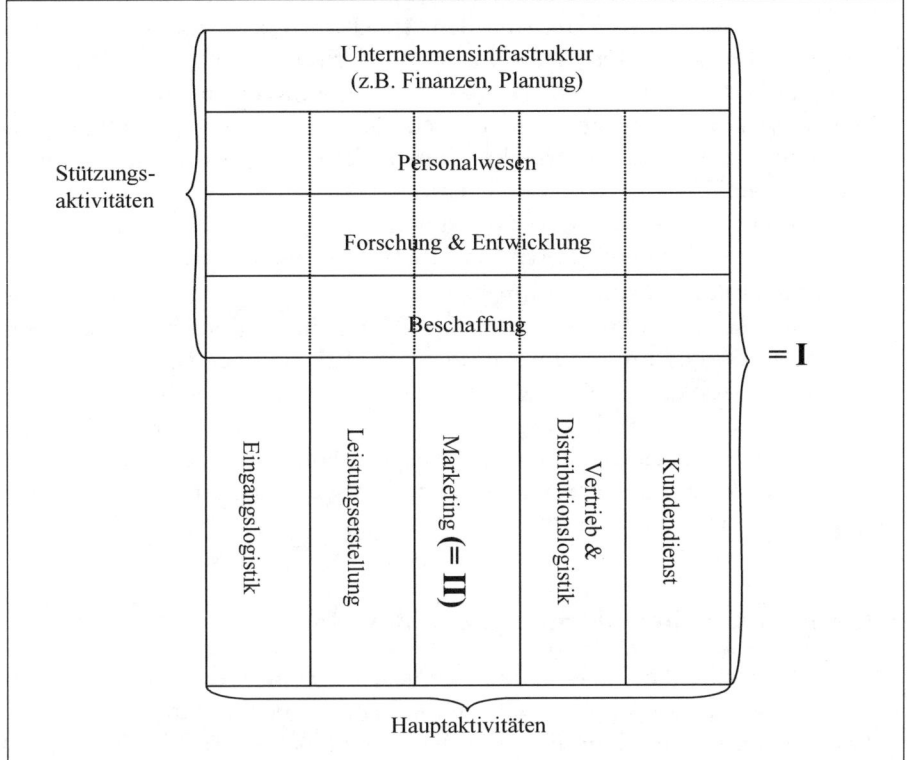

Quelle: in Anlehnung an Porter (1999b, S. 62).

Die Philosophie des Marketing kann anhand folgender **Merkmale** charakterisiert werden (vgl. hierzu auch Bruhn 2001, S. 14 - 15; Meffert 2000, S. 8 - 9):

- **Leitidee der Marktorientierung**
  Marketing zielt darauf ab, den Bedürfnissen der Zielgruppe(n) zu entsprechen (Kundenorientierung), gegenüber der Konkurrenz Wettbewerbsvorteile zu erzielen (Wettbewerbsorientierung) und so letztlich die Ziele des Unternehmens zu erreichen. Dabei sind im Sinne einer Stake-Holder-Orientierung neben den Kunden und Wettbewerbern die Bedürfnisse sämtlicher Bezugsgruppen eines Unternehmens ins Kalkül zu ziehen.

- **Systematischer Planungs- und Entscheidungsprozess**
  Im Zuge einer systematischen Entscheidungsfindung gilt es einen Planungsprozess zu entwickeln und umzusetzen, der von der Zielbildung und Informationssammlung über die Entwicklung von Strategien sowie deren operativer Umsetzung bis hin zur Kontrolle des Erfolgs reicht.

- **Koordination und Integration sämtlicher Aktivitäten**
  Zum einen gilt es, die vielfältigen Instrumente des Marketing-Mix harmonisch einzusetzen. Konkret sind den Abnehmern bedürfnisgerechte Leistungen (Produkte, Dienstleistungen und Ideen) anzubieten (Produkt-, Programm- bzw. Sortimentspolitik), diese sind mit einem Preis auszustatten (Preispolitik), bekannt zu machen (Kommunikationspolitik) und zu vertreiben (Distributionspolitik). Zum anderen müssen sämtliche involvierten Funktionsbereiche des Unternehmens durch ablauf- und aufbauorganisatorische Regelungen koordiniert werden. Auf diese Weise lassen sich Synergieeffekte realisieren bzw. Ineffizienzen abbauen.
- **Interdisziplinäre Ausrichtung**
  Im Zuge einer systematischen Entscheidungsfindung bedienen sich Marketingwissenschaft und -praxis bewusst der Erkenntnisse von Nachbardisziplinen. Beispielsweise liefern Sozialpsychologie sowie lehre wesentliche Beiträge zum Verständnis des Käuferverhaltens, die Marktforschung wäre undenkbar ohne die vielfältigen analytischen Hilfsmittel der Statistik sowie Mathematik, und nahezu jede Marketingentscheidung ist in einen juristischen Rahmen eingebunden.

1.2 Käuferverhalten als Spiegelbild des Marketing

Der Erfolg der Marketingbemühungen spiegelt sich im Wesentlichen im Verhalten der Käufer wieder. Unter Käuferverhalten versteht man die Vorgänge bei der Auswahl, dem Kauf, dem Ge- bzw. Verbrauch sowie (gegebenenfalls) der Entsorgung von Produkten und Dienstleistungen zur Befriedigung von **originären** (i.d.R. bei privaten Haushalten) und **abgeleiteten** (i.d.R. bei gewerblichen Abnehmern) **Bedürfnissen**. Das Verhalten des Konsumenten gilt es in sämtlichen Phasen des Kaufprozesses und damit in der Vorkauf-, Kauf- sowie Nachkaufphase zu beleuchten (vgl. im Folgenden Meffert 1992, S. 43 - 45).

Grundsätzlich lassen sich private und gewerbliche Käufer unterscheiden. Nach dem Grad der kognitiven Beteiligung der Verbrauchers können im Falle privater Haushalte **vier Arten von Kaufentscheidungen** identifiziert werden (vgl. Abb. 3 sowie im Folgenden Kroeber-Riel/Weinberg 1999; Kuß/Tomczak 2000; Payne/Bettman/Johnson 1993; zu den unterschiedlichen Verhaltenstypologien siehe Kuß 2001, S. 745; Weinberg 1999, S. 12 f.):

- **Extensive („echte") Kaufentscheidungen**, für die stellvertretend der Erwerb eines Hauses angeführt werden kann, zeichnen sich durch eine hohe kognitive Steuerung sowie große Bedeutung und Neuartigkeit des Kaufs aus. Im Regelfall werden dabei folgende Phasen durchlaufen:

o   Anregungsphase, in der das Bedürfnis entsteht, ein Produkt bzw. eine Dienstleistung zu erwerben

o   Suchphase, in welcher der Verbraucher nach Alternativen Ausschau hält

o   Bewertungs- und Auswahlphase, an deren Ende die Entscheidung für eine Alternative steht

o   Kaufaktphase, in der das Produkt bzw. die Dienstleistung erworben wird

o   Nachkaufphase, welche den Ge- bzw. Verbrauch und gegebenenfalls die Rückgabe bzw. Entsorgung der Leistung umfasst

- **Limitierte Kaufentscheidungen:** Hier durchläuft der Verbraucher die Such-, Bewertungs- und Auswahlphase mit reduziertem Aufwand, in dem er auf bewährte Problemlösungsmuster und Entscheidungskriterien zurückgreift. Beispielsweise bevorzugt er beim Kauf von Produkten grundsätzlich eine bestimmte Preislage, weil er vom Preis für eine Leistung auf deren Qualität schließt und mit dieser Heuristik in der Vergangenheit gute Erfahrungen gesammelt hat.

- **Habituelle Käufe:** Dabei handelt es sich um eine gewohnheitsmäßig getroffene Auswahl, bei der die Such-, Bewertungs- und Auswahlphase stark verkürzt ausfallen. Typisch hierfür ist das Phänomen der Markentreue, bei der Konsumenten unter der Voraussetzung der Zufriedenheit immer wieder den gleichen Markenartikel erwerben.

- **Impulskäufe** sind Spontanhandlungen, die sehr schnell ablaufen und allenfalls in geringem Maße kognitiv gesteuert werden, da der Käufer weder eine Such- noch eine Bewertungs- und Auswahlphase durchläuft. Typisch hierfür ist der Kauf von Bonbons, Schokolade u.ä.

Abb. 3: Arten und Charakteristika von Kaufentscheidungen privater Haushalte - unterschieden nach dem Grad der kognitiven Beteiligung

Art der Kaufentscheidung	Charakteristika
Extensiv	• Mehrphasiger, umfangreicher Entscheidungsprozess • Hohe kognitive Steuerung • Große Bedeutung und Neuartigkeit des Kaufs • Beispiel: Erwerb einer Lebensversicherung
Limitiert	• Reduzierter Entscheidungsaufwand • Rückgriff auf bewährte Problemlösungsmuster und Entscheidungskriterien • Beispiel: Kauf eines Anzugs

**Abb. 3: Arten und Charakteristika von Kaufentscheidungen privater Haushalte -
unterschieden nach dem Grad der kognitiven Beteiligung *(Fortsetzung)***

Art der Kaufentscheidung	Charakteristika
Habituell	• Gewohnheitsmäßige Auswahl
	• Stark verkürzter Entscheidungsprozess
	• Beispiel: Erwerb von Bier
Impulsiv	• Schneller Ablauf
	• Geringe kognitive Steuerung
	• Beispiel: Kauf von Süßwaren

Die **Beschaffung bei Organisationen**, zu denen Industrie- und Handelsunternehmen sowie öffentliche Einrichtungen zählen, unterscheidet sich vom
Kaufverhalten einer Privatperson in folgenden **Punkten:**

- **Multipersonalität**

  Zwar beeinflussen auch im Privathaushalt mitunter mehrere Individuen
  die Kaufentscheidung. Doch geschäftliche Transaktionen sind häufig sehr
  komplex und nehmen ein finanzielles Ausmaß an, welches es notwendig
  macht, dass an ihnen mehrere Personen aus verschiedenen Bereichen des
  Unternehmens mit unterschiedlichen Interessen teilnehmen. Demnach
  handelt es sich i.d.R. um Kollektiventscheidungen.

- **Multioperativität**

  Organisationale Käufe sind weiterhin häufig dadurch gekennzeichnet, dass
  die Entscheidungsfindung in mehreren Phasen abläuft (vgl. hierzu Backhaus 1999, S. 62). Diese reichen von der Festlegung der Eigenschaften
  und Mengen der benötigten Produkte bzw. Dienstleistungen über die Suche nach potentiellen Bezugsquellen und das Einholen sowie die Analyse
  von Angeboten bis hin zur Auswahl eines Lieferanten und der Bestellung.
  Ablauf und Inhalt der Phasen sind i.d.R. formal festgelegt. Der Kaufentscheidungsprozess ist im Regelfall stärker von rationalen Erwägungen geprägt, läuft aber in keinem Fall ohne Emotionen ab.

- **Multiorganisationalität**

  Hier treffen zwei Organisationen aufeinander, die sich im Vergleich zum
  B2C (Business-to-Consumer)-Bereich hinsichtlich Informationsstand und
  Professionalität nur wenig unterscheiden.

- **Multitemporalität**

  Transaktionen im B2B (Business-to-Business)- und B2G (Business-to-Go-
  vernment)-Bereich können mitunter recht lange dauern, es kommt mitunter zu intensiven Interaktionen zwischen Anbieter und Nachfrager. Vor

diesem Hintergrund kommt dem Beziehungsmarketing (sog. Relationship-Marketing) eine tragende Rolle zu.

Abb. 4: Arten von Organisationen und Charakteristika der Beschaffungsentscheidungen von Organisationen

Arten von Organisationen	• Hersteller und Handelsunternehmen (B2B: Business-to-Business) • Öffentliche Einrichtungen (B2G:Business-to-Government)
Charakteristika der organisationalen Beschaffungsentscheidung	• Multipersonalität • Multioperativität • Multiorgnisationalität • Multitemporalität

1.3 Kontrollaufgaben

Aufgabe 1.1: Begriff und Grundkonzept des Marketing

Markieren Sie, ob die folgenden Aussagen richtig oder falsch sind!

Auf der vertikalen Ebene stehen Unternehmen in einem Spannungsfeld zwischen ihren Abnehmern und ihren Konkurrenten.   Richtig ☐   Falsch ☐

Marketing als Leitkonzept bzw. Unternehmensphilosophie bedeutet, dass sämtliche Unternehmensaktivitäten konsequent an den Anforderungen der Märkte und hier insbesondere der Kunden und Wettbewerber auszurichten sind.
Richtig ☐   Falsch ☐

Marketing als unternehmerische Denkhaltung versteht sich als eine betriebliche Funktion „am Ende des Fließbandes", die in der marktlichen Verwertung von Sach- und Dienstleitungen besteht und Unternehmensfunktionen wie Beschaffung, Produktion, Finanzierung etc. gleich geordnet ist.
Richtig ☐   Falsch ☐

Marketing ubernimmt in Unternehmen eine Doppelfunktion (sog. Januskopf des Marketing), in dem es einmal als gleichberechtigte Funktion neben Beschaffung, Lagerhaltung, Rechnungswesen etc. steht und zum anderen als Leitkonzept dient.   Richtig ☐   Falsch ☐

Aufgabe 1.2: Kaufentscheidungen privater Haushalte

Markieren Sie, ob die folgenden Aussagen richtig oder falsch sind!

Extensive Kaufentscheidungen betreffen hochwertige Produkte und kehren in regelmäßigen Abständen wieder.   Richtig ☐   Falsch ☐

Habituelle Kaufentscheidungen sind gewohnheitsmäßige Käufe, bei denen der Konsument ein geringes Kaufrisiko empfindet.   Richtig ☐   Falsch ☐

Bei limitierten Käufen handelt die Person stets markentreu.

Richtig ☐   Falsch ☐

Ein Impulskauf hat die Eigenschaften, dass er ungeplant ist sowie schnell und unbewusst abläuft.   Richtig ☐   Falsch ☐

Aufgabe 1.3: Extensive, habituelle, limitierte und impulsive Kaufentscheidungen

Ordnen Sie die folgenden Kaufsituationen den jeweiligen Kaufentscheidungen zu!

(1) Anschaffung einer Ferienwohnung, (2) Bier/Limonade, (3) Geldbeutel aus einer Schüttplatzierung, (4) Sportschuhe

- Extensive Kaufentscheidung: ....
- Limitierte Kaufentscheidung: ....
- Habituelle Kaufentscheidung: ....
- Impulsive Kaufentscheidung: ....

Aufgabe 1.4: Generelle Besonderheiten des organisationalen Beschaffungsverhaltens

Markieren Sie, ob die folgenden Aussagen richtig oder falsch sind!

Geschäftliche Transaktionen sind häufig sehr komplex und nehmen ein finanzielles Ausmaß an, welches es notwendig macht, dass an ihnen mehrere Personen aus verschiedenen Bereichen des Unternehmens mit unterschiedlichen Interessen teilnehmen.   Richtig ☐   Falsch ☐

Organisationale Käufe sind immer Kollektiventscheidungen.

Richtig ☐   Falsch ☐

Ablauf und Inhalt der Phasen einer organisationalen Kaufentscheidung sind i.d.R. formal festgelegt.   Richtig ☐   Falsch ☐

Der organisationale Kaufentscheidungsprozess ist im Regelfall stärker emotional
   geprägt als die Entscheidungen privater Haushalte, läuft aber in keinem Fall
   ohne rationale Erwägungen ab.   Richtig ☐   Falsch ☐

Gewerbliche Verkäufer und gewerbliche Käufer unterscheiden sich hinsichtlich
   Informationsstand und Professionalität im Regelfall deutlich voneinander.
                                                        Richtig ☐   Falsch ☐

2 Marketingplanung

Lernziele

Dieses Kapitel vermittelt:

- wie eine Marketingkonzeption idealtypisch aufgebaut sein sollte und
- welche Instrumente bei der Marketingplanung unterstützen können.

2.1 Aufbau einer Marketing-Konzeption

Im Zuge einer systematischen Entscheidungsfindung gilt es einen Planungsprozess zu entwickeln und umzusetzen, der von der Zielbildung und Informationssammlung über die Entwicklung von Strategien sowie deren operativer Umsetzung bis hin zur Kontrolle des Erfolgs reicht. In Abb. 5 ist der idealtypische Aufbau einer Marketingkonzeption aufgeführt, an dem sich auch der weitere Aufbau des Buches ausrichtet.

Am Anfang einer Marketingkonzeption steht die Festlegung der **Marketing-Ziele**. Daran anschließend gilt es im Zuge der **Marktforschung**, die Umweltsituation, zu der u.a. das Verhalten der Käufer und Wettbewerber zählt, sowie die Unternehmenssituation zu analysieren und diesbezügliche Entwicklungen zu prognostizieren. Es folgen die Entwicklung von **Marketing-Strategien** sowie deren operative Umsetzung in marktgerichtete, strategiekonforme Maßnahmenbündel (4 p´s: Product, price, place, promotion; im Deutschen das sog. **Marketing-Mix**: Produkt-, Programm bzw. Sortiments-, Preis-, Distributions- und Kommunikationspolitik). Vereinfacht ausgedrückt geben Marketing-Ziele den Wunschort (Was bzw. Wohin?), Marketing-Strategien die Route (Wie?) und der Marketing-Mix das jeweilige Beförderungsmittel (Mit Was?) vor (vgl. Becker 2001, S. 74).

Um den Planungs- und Implementierungsprozess zu optimieren, gilt es zum einen zu prüfen, inwieweit die anvisierten Ziele durch die eingeleiteten Maßnahmen erreicht wurden (sog. **ergebnisorientierte Marketing-Kontrolle**). Zum anderen muss im Sinne einer prozessbegleitenden Kontrolle überwacht werden, inwieweit Anpassungen des Planungs- und Implementierungsprozesses erforderlich sind (= **Marketing-Audit**).

Abb. 5: Die Bausteine einer Marketingkonzeption

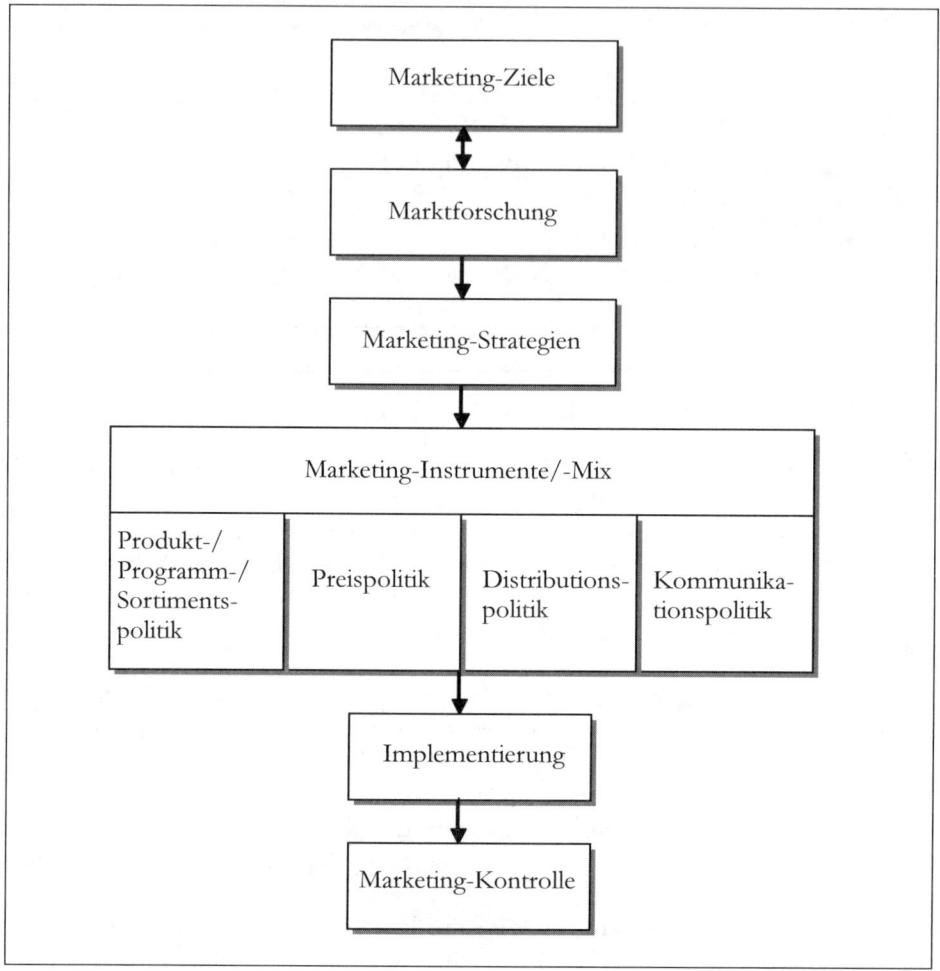

2.2 Ausgewählte Planungsinstrumente

2.2.1 Gap-Analyse

Die Gap-Analyse (= Lückenanalyse) ist ein klassisches Instrument der strategischen Planung und dient zur Früherkennung strategischer Probleme. Hierbei werden **zwei Entwicklungslinien** gezeichnet (vgl. Abb. 6):

- Die **gewünschte Entwicklung**, welche die Zielvorstellungen hinsichtlich eines Beurteilungskriteriums (etwa Gewinn oder Umsatz) ausdrückt (= Sollgröße).
- Die **erwartete Entwicklung**, die eintreten wird, wenn alles wie bisher läuft (= Ist-Größe).

Abb. 6: Die Gap-Analyse

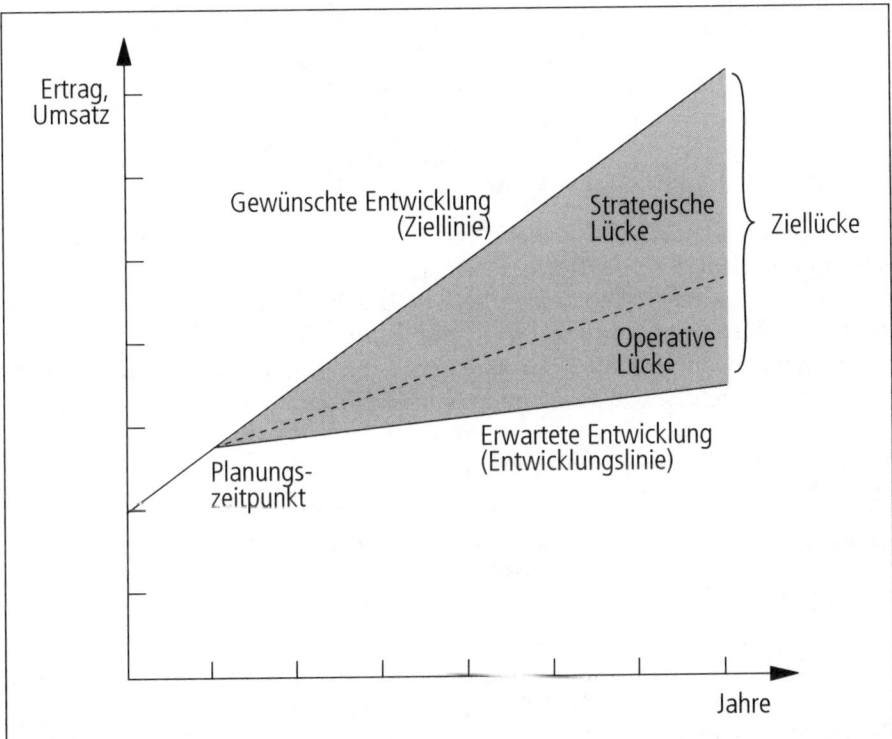

Quelle: in Anlehnung an Becker (2001, S. 415).

Eine sog. **Ziellücke** (= ‚gap') zwischen gewünschter und erwarteter Entwicklung weist darauf hin, dass mit den bisherigen Strategien (= Strategische Lücke) und operativen, d.h. kurzfristigen Maßnahmen (= Operative Lücke) die

Ziele des Unternehmens nicht erreicht werden können. Will man die Ziele nicht nach unten korrigieren, müssen entsprechende Maßnahmen eingeleitet werden. Oftmals reichen jedoch kurzfristig angelegte Maßnahmen nicht aus. Vielmehr kann es geboten sein, in Abhängigkeit von Größe und Zusammensetzung der Ziellücke neue Marketing-Strategien zu implementieren.

Die Gap-Analyse bildet häufig den Ausgangspunkt für weitere Planungsverfahren. Beispielsweise lässt sich mit Hilfe der **Produkt-Markt-Matrix von Ansoff** (vgl. hierzu ausführlich Abschnitt 5.2.1) der strategische Handlungsspielraum zur Schließung einer aufgetretenen Ziellücke identifizieren.

Abb. 7: Zentraler Vor- und Nachteil der Gap-Analyse

Vorteil	Nachteil
• Hinweis auf strategische und operative Ansatzpunkte für Unternehmenswachstum	• Situative Begrenztheit des Ansatzes (60er Jahre: zahlreiche Wachstumsmärkte) ⇒ heutzutage Stagnation bzw. Degeneration von Märkten vorherrschend

2.2.2 Produktlebenszyklus-Analyse

Das Produktlebenszyklus-Konzept ist ein von der **Boston Consulting Group** entwickeltes strategisches Planungsinstrument. Dieses Konzept, welches auf Analogien zu Lebewesen basiert, beschreibt die Entwicklung eines Produktes von seiner Einführung bis zur Elimination als Abfolge mehrerer Phasen anhand ausgewählter Größen (etwa Absatz, Umsatz, Gewinn, Deckungsbeitrag; vgl. Abb. 8 sowie im Folgenden Fischer 2001, S. 1407 - 1409).

Dabei werden folgende **Annahmen** getroffen:
- Die Existenz eines Produktes ist zeitlich begrenzt.
- Die Entwicklung eines Produktes lässt sich im Grundkonzept als S-förmige Kurve beschreiben. Diese Kurve beschreibt das Erreichen eines gewissen Sättigungsgrades des Produktes am Markt und einen darauf folgenden Rückgang.
- Bestimmte Lebenszyklusphasen sind abgrenzbar und an Punkten der Kurve mit speziellen Eigenschaften (Wendepunkte, Krümmungsverhalten etc.) darstellbar. Unterscheidbar sind in der Diskussion zumindest die Phasen Einführung, Wachstum, Reife und Rückgang.
- Die Gewinne bzw. Produktdeckungsbeiträge steigen im ersten Teil des Lebenszyklus an und fallen in späteren Phasen.
- Insgesamt wird der Einsatz der Marketing-Instrumente unmittelbar von der jeweiligen Position des Produktes im Produktlebenszyklus beeinflusst.

Abb. 8: Der idealtypische Verlauf des Produktlebenszyklus

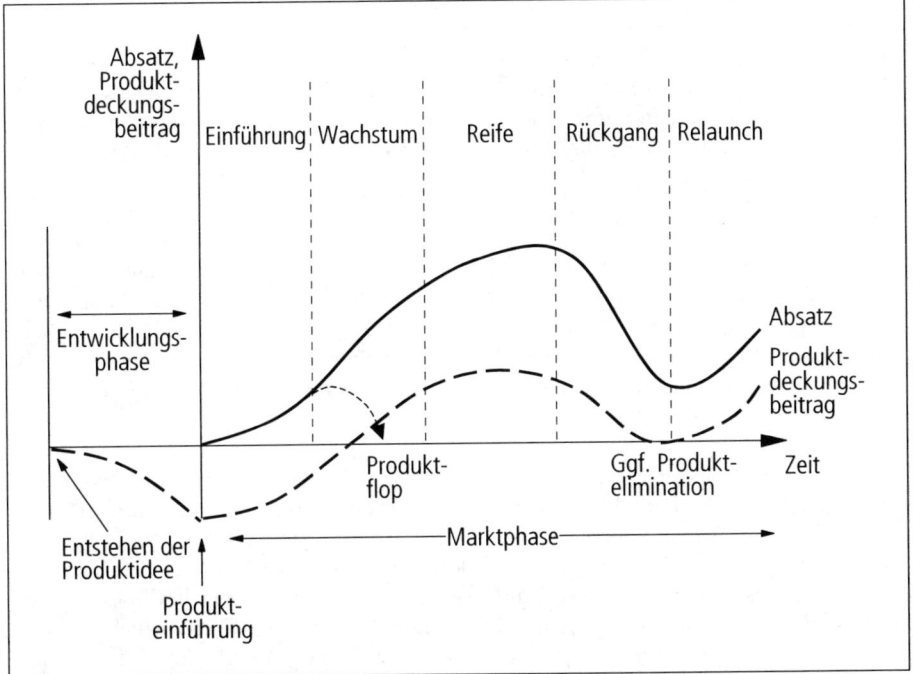

Der klassische Produktlebenszyklus besteht aus **vier Phasen** und wird im vorliegenden Fall um die Phasen Entwicklung und Relaunch erweitert und am Beispiel eines Industrieunternehmens dargestellt. Das Konzept kann jedoch ohne weiteres auf Dienstleistungs- und Handelsunternehmen sowie Öffentliche Einrichtungen übertragen werden.

- **Phase 1: Entwicklungsphase**
  In diese Phase fällt der Prozess der Planung und Realisation neuer Produkte. Wurde nach einer Analyse der Testmarktergebnisse eine positive Entscheidung getroffen, gilt es nunmehr, die Einführung des neuen Produktes in den Markt vorzubereiten.

Marketingflops – der Dasani-Gau von Coca-Cola

Die von Coca-Cola groß angekündigte und mit Millionenaufwand für Europa vorbereitete Einführung der Wassermarke „Dasani", die in den USA die Position zwei im Wassersegment einnimmt, musste nach einer Reihe von spektakulären Fehlschlägen gestoppt werden und dürfte eine der größten Niederlagen des mächtigen Getränkekonzerns sein.

Hintergrund war der Skandal um Dasani in Großbritannien. Dort hatte Coca-Cola eingestehen müssen, dass es sich bei dem stillen Wasser nicht um Quellwasser, sondern um schlichtes Leitungswasser aus Sidcup im Süden Londons handelte. Dasani kostete pro halben Liter 95 Pence (etwa 1,43 Euro). Der „Independent" verglich den Dasani-Flaschenpreis mit dem Preis für einen halben Liter Leitungswasser in Sidcup von 0,03 Pence, was einen Schwall von Häme über Coca-Cola zur Folge hatte.

Der Versuch des Konzerns, den Flaschenpreis mit der Veredelung des Wassers zu rechtfertigen, ging ebenfalls gründlich schief. In der Presse-Erklärung und auf der firmeneigenen Website hieß es, das Dasani-Wasser habe einen „ausgeklügelten Reinigungsprozess" durchlaufen. Doch letztlich musste der Konzern eingestehen, dass sein Wasser bei der Aufarbeitung verunreinigt worden war, da die britischen Gesundheitsbehörden festgestellt hatten, dass Dasani eine nach örtlichen Vorschriften unzulässige Menge Bromat (Salz der Bromsäure) enthielt. Weil die Substanz potentiell Krebs erregend ist, wurden „vorsorglich" alle 500.000 Flaschen Dasani vom Markt genommen.

In Deutschland verkauft Coca-Cola das Tafelwasser Bonaqa. Auch hier kommt der Grundstoff, also 99,9 Prozent von den örtlichen Wasserwerken der Abfüllbetriebe. Da der Begriff Tafelwasser in Deutschland jedoch eine solche Herstellungsweise zulässt, kommt der Getränkehersteller hierzulande auch nicht mit dem Gesetz in Konflikt. Außerdem weist das Unternehmen darauf hin, dass die Reinigung und Aufbereitung mit Mineralien für eine deutschlandweit gleiche Qualität sorgen, die in Bezug auf Haltbarkeit und Geschmack weitaus höheren Anforderungen genügen muss als Leitungswasser.

Dasani sollte in Deutschland nicht wie auf der britischen Insel als Tafelwasser, sondern als natürliches stilles Mineralwasser angeboten werden. Um eine Kannibalisierung zu vermeiden, war geplant, das Getränk als höherwertiges Mineralwasser zu positionieren. Das hauseigene Bonaqa dagegen ist im mittleren Preissegment angesiedelt und mit Kohlensäure erhältlich. Doch offensichtlich wäre es aufgrund der Vorgänge in Großbritannien eine zu schwere Hypothek gewesen, die Marke erfolgreich in Deutschland einzuführen, so dass der totale Rückzug aus dem europäischen Markt eingeleitet wurde.

Am Rande bleibt zu erwähnen, dass Coca-Cola in der gleichen Ausgabe, in der ü-
ber den Stopp der Einführung der Wassermarke Dasani berichtet wurde, noch eine
ganzseitige Anzeige mit dem Titel „Dasani belebt Ihren Umsatz; neu ab Mai 2004"
schaltete.

Quelle: o. V.: „Dasani"-Rückzug bewahrt Coke Deutschland vor neuer Baustelle,
in: LebensmittelZeitung, Nr. 13 vom 26.03.2004, S. 18.

- **Phase 2: Einführungsphase (Introduction Stage)**
  Zu Beginn stellt das Produkt noch eine Neuheit dar, weshalb zunächst der
  Bekanntheitsgrad gesteigert werden muss. Dies erfordert erhebliche Investitionen in Werbung und den Aufbau einer Vertriebsstruktur. Angesichts der immensen Kosten und der noch geringen Anzahl von Nutzern
  lassen sich trotz der in der Regel hohen Preise noch keine Gewinne bzw.
  positiven Produktdeckungsbeiträge realisieren
  Die Produkte werden in dieser Phase zumeist nur von solchen Konsumenten erworben, die sich für Neuheiten begeistern und bereit sind, dafür
  auch einen entsprechend hohen Preis zu entrichten (sog. Innovatoren).
  Das relativ hohe Preisniveau ist zum einen erforderlich, da die Anbieter
  infolge der (noch) geringen Absatzzahlen noch keine Erfahrungskurveneffekte und Skaleneffekte aus Massenproduktion nutzen können. Zum anderen würden Preisnachlässe bereits in diesem frühen Stadium dauerhaft
  die Preiserwartungen der Konsumenten beeinflussen, spätere Preissteige-
  rungen wären kaum durchsetzbar. In diesem Stadium existieren im Regelfall noch keine Produktvarianten.
  Trotz der im Regelfall hohen Kosten, die bis zu diesem Zeitpunkt bereits
  angefallen sind, erreicht über die Hälfte der Innovationen erreicht niemals
  die Wachstumsphase und die Floprate hat in der Vergangenheit stetig zu-
  genommen. Die Gründe hierfür sind vielfältig: Häufig können sich Produkte nicht gegen die Vielzahl alternativer Produkte durchsetzen (z.B. Par-
  fums). Anderen Produkten gelingt es nicht, neue technische Standards zu
  setzen, oder ihre Akzeptanz bleibt gering, da zu wenige Nutzungsmög-
  lichkeiten angeboten werden (z.B. CDI-Videogeräte).
  Verschärfend kommt hinzu, dass Unternehmen sich im „Dilemma des
  Zeitwettbewerbs" befinden (vgl. hierzu Trommsdorff/Binsack 1997, S. 60
  - 65): Angesichts immer kürzerer Produktlebenszyklen (Marktzykluskon-
  traktion) und gleichzeitig vielfach verlängerter Produktentwicklungszeiten
  (Entstehungszyklusexpansion) müssen die Produktentwicklungszeiten reduziert werden, was wiederum das Floprisiko erhöht. Vor diesem Hintergrund kommt einer leistungsfähigen Innovationsmarktforschung eine
  wachsende Bedeutung zu. Dies gilt insbesondere für Produkte, bei denen
  der größte Teil der Kosten des Innovationsprozesses in der Phase der
  Entwicklung anfällt (z.B. technische Leistungen).

Die Ursachen für Flops müssen jedoch nicht unbedingt in den Schwächen des Produktes liegen. Gerade im internationalen Marketing ist das Scheitern von Produkten häufig auf die mangelnde Anpassung von Markenname und Kommunikationsstrategie an die sprachlichen und kulturellen Besonderheiten des jeweiligen Landes zurückzuführen (vgl. die folgenden Fallbeispiele).

Fallstudien	Ausgewählte Marketing-Flops

Beispiele für Marketing-Flops, die in erster Linie auf sprachliche Unterschiede zurückzuführen sind:

- Colgate führte in Frankreich eine Zahnpasta mit dem Markennamen „Cue" ein. Das Produktmanagement merkte zu spät, dass ein berüchtigtes Pornomagazin denselben Namen trug.
- General Motors brachte in Südamerika ein neues Automodell, den Chevy Nova (lat.: nova = neu), auf den Markt. Nachdem kaum Fahrzeuge abgesetzt werden konnten, bemerkte man, dass „no va" im Spanischen „es wird nicht fahren" bedeutet. Rasch wurde der Modellname auf „Caribe" geändert.
- Ähnlich erging es dem Konkurrenten Ford: Der Name des Lastkraftwagens „Fiera" heißt in der spanischen Übersetzung „hässliche alte Frau".
- Olympia positionierte die Fotokopierer-Modellreihe „Roto" u.a. auf dem chilenischen Markt. Fatalerweise bedeutet „roto" dort „kaputt" und steht darüber hinaus als Synonym für die chilenische Unterschicht.
- Ein vom Schwedischen in das Englische übersetzter Anzeigentext der Firma Electrolux las sich in einer koreanischen Zeitschrift, wenn man ihn frei ins Deutsche übersetzte, wie folgt: „Nichts saugt so hundsmiserabel wie ein Elektrolux-Staubsauger."
- Ein Produzent vertrieb in Japan Golfbälle in preisgünstigen Viererpacks. Das Produkt stieß bei den japanischen Verbrauchern auf wenig Akzeptanz, da die Betonung der Zahl „vier" in der Landessprache wie das Wort „Tod" klingt.
- Der Name des Rasierwassers „Irish Mist" war für den deutschen Markt nicht geeignet. Hierzulande kennt man es nun unter den Namen „Irish Moos".
- Der US-amerikanische Automobilproduzent American Motor Corporation (AMC) versäumte es, bei der Markteinführung seines Modells Matador auf dem spanischen Markt die Bedeutung des Namens überprüfen zu lassen. Matador bedeutet im spanischen soviel wie Mörder.
- Die chinesische Sprache ist eine problematische Sprache, nicht zuletzt wegen der Vielzahl von Homonymen und Dialekten. Zu dieser Erkenntnis gelangte auch Kentucky Fried Chicken, deren Slogan 'finger-lickin" good' klang in China wie „eat your fingers off".
- Auch ein US-amerikanischer Zigarettenhersteller hatte wenig Zeit auf das Studium fernöstlicher Sprachen verwendet. So kam es, das sein Slogan „Salem - Feeling Free" in der Übersetzung für den japanischen Markt eine etwas andere Bedeutung erhielt: „When smoking Salem, you feel so refreshed that your mind seems to be free and empty."(Wenn Sie Salem rauchen, fühlen sie sich so er-

frisch, dass ihr Geist ganz frei und leer zu sein scheint.).
- Anfänglich landete Ford mit seinem Model Pinto einen Flop auf dem brasiliani-schen Markt. Bei der Markteinführung wurde auch der Modellname ungeprüft übernommen. Pinto bedeutet aber in der brasilianischen Landessprache „kleiner Pimmel". Als Ford den Fehler bemerkte, wurde der Namen in Corcel abgeän-dert, was Pferd bedeutet.
- Nach Eintritt in den englischsprachigen Markt wunderten sich die Manager des zweitgrößten japanischen Reiseveranstalters, der Kinki Nippon Tourist Com-pany, über die ungewöhnlich hohe Nachfrage nach Sex-Reisen. Nachdem ihnen bewusst wurde, dass ihr Firmenname übersetzt „Reiseagentur für perverse Ja-pan-Touristen" bedeutet, wurde dieser schleunigst geändert.
- Auch Coca-Cola offenbarte in China einen Mangel an Markt- bzw. Kundenori-entierung: Den Markennamen übertrug man als „Ke-kou-ke-la" phonetisch ins Chinesische, was so viel (oder so wenig!?) bedeutet wie „Beiße die Wachs-Kaulquappe". Nicht viel besser machte es Pepsi: Den Slogan „Come alive with the Pepsi Generation" übersetzte man mit „Pepsi bringt deine Vorfahren aus dem Grab zurück". In Spanien wiederum scheiterte Coca-Cola mit der Einfüh-rung der Zwei-Liter-Flasche: Diese war für die dort üblichen (kleinen) Kühl-schränke zu groß.

Beispiele für Marketing-Flops, die primär in kulturellen Unterschieden begründet liegen:
- Ein amerikanischer Waschmittelhersteller schaltete Mitte der 80er Jahre eine An-zeige, die links einen Berg schmutziger Wäsche, das Produkt in der Mitte und rechts als Ergebnis einen Berg sauberer Wäsche als Motiv hatte. Was aber nicht beachtet wurde: Araber lesen von rechts nach links.
- General Foods, das in Japan Kuchenbackmischungen verkaufen wollte, musste zweimal Lehrgeld in Millionenhöhe zahlen. So hatte man zunächst nicht be-dacht, dass japanische Küchen sehr klein sind, weshalb nur etwa drei % aller ja-panischen Haushalte überhaupt einen Backofen besitzen. Auch der zweite Ver-such, bei dem man die Japaner überzeugen wollte, Kuchen in ihren Reiskochern zu backen, scheiterte – obwohl dies technisch durchaus möglich gewesen wäre. Allerdings hatte man übersehen, dass Reiskocher in erster Linie dazu genutzt werden, gekochten Reis tagsüber warm zu halten.
- Philips sammelte zunächst ebenfalls negative Erfahrungen mit den japanischen Miniatur-Küchen. Seine Kaffeemaschinen konnte der niederländische Konzern erst verkaufen, als er deren Größe an die japanischen Küchen anpasste.
- Procter & Gamble setzten in Japan einen in Europa erfolgreichen Werbespot ein – indessen mit weit weniger Erfolg. Die japanischen Zuschauer erlebten die Sto-ry des Spots – ein Mann betritt das Badezimmer und berührt seine badende E-hefrau – als Angriff auf die Privatsphäre und damit als sozial unerwünscht.
- Ähnlich erging es der Kosmetikmarke Feelings. Diese bewarb ihr Produkt mit einem freizügigen TV-Spot, in welchem eine Dame in der Tiefgarage duscht und sich auf einem Auto räkelt. Chinas Werbeaufsicht stufte diesen Spot als Porno ein und verbot ihn.
- Auch McDonald's erlitt in Japan mit einer Werbekampagne Schiffbruch. Grund dafür war der Clown Ronald McDonald, der üblicherweise mit einem weißge-

schminkten Gesicht auftritt – was in Japan den Tod symbolisiert. Auch in China
trat die ‚Fast food'-Kette bereits ins Fettnäpfchen. McDonald's warb für seine
Sonderangebote mit einem Mann, der auf Knien um Preisnachlass bettelt. Zahlreiche Zuschauer, denen diese Demutsgeste missfiel, beschwerten sich bei den
staatlichen Medien, welche den Werbefilm aus dem Programm verbannten.

- Nike musste sich in China für einen Werbefilm entschuldigen, in welchem US-
  Basketball-Star LeBron James einen Cartoon-Kung-Fu-Meister und mehrere
  Drachen ausdribbelte. Weil dies die nationale Würde verletze, verboten die chi-
  nesischen Radio-, Film- und TV-Behörden den Spot.
- Zweifelhafte Bekanntheit erlangte auch eine Anzeigenkampagne des japanischen
  Pkw-Herstellers Toyota. Darin „salutierten" steinerne Löwen dem Allradmodell
  Prado. Dabei gelten die Raubkatzen in China als Symbole der Autorität. Dass die
  Löwen einem japanischen Produkt die Ehre erweisen, verärgerte das Publikum.
  Als auf einem weiteren Werbemotiv auch noch ein Toyota-Jeep einen chinesi-
  schen Militärlaster aus dem Dreck schleppte, war das Maß voll. Die Chinesen
  fühlten sich beleidigt und der Autobauer stellte den missglückten Werbefeldzug
  demütig ein.
- Pepsodent bewarb seine Zahnpasta in Südostasien mit dem Slogan: „ ... whitens
  your teeth.". Allerdings gelten bei der dortigen Bevölkerung schwarze Zähne als
  Schönheitsideal. Diesem versucht man durch das Kauen von Betel-Nüssen nahe
  zu kommen. Außerdem wurde die Werbeaussage „wonder where the yellow
  went" als rassistisch eingestuft.
- Campbell musste bei der Markteinführung seiner Suppenkonzentrate in Großbritannien Verluste von 30 Mio. US-Dollar hinnehmen. Der Grund hierfür lag
  u.a. darin, dass niemand den Verbraucher darüber aufgeklärt hatte, dass es sich
  um ein Konzentrat handelte, zu dem man Wasser hinzufügen müsse. Deshalb
  hielten die meisten Briten solche kleinen Dosen mit Suppe einfach für zu teuer.

Quelle: www.business.com; www.btinternet.com; www.funny-downloads.de; Stand:
20.03.2003; Lehmann, S.: Patent lebt, in: Berlin – das Magazin der Hauptstadt,
Nr. 1, Dezember 2004, S. 18 – 19.

- **Phase 3: Wachstumsphase (Growth Stage)**
  I.d.R. erreichen Produkte nur dann die Wachstumsphase, wenn sie eine
  kritische Masse an Nutzern gewinnen können. Durch den raschen Um-
  satzanstieg überschreitet das Produkt die Schwelle vom Nischenprodukt,
  das nur für wenige Nutzer interessant ist, zum Massenerzeugnis. Das Produkt wird von den sog. Imitatoren und der frühen Mehrheit erworben.
  Jetzt treten normalerweise die ersten Wettbewerber bzw. Nachahmer auf
  den Plan. Für den Erfolg ist es nunmehr entscheidend, die Vorteile aus
  dem hohen Bekanntheitsgrad auszunutzen und sich von Konkurrenzprodukten abzuheben. Das Produkt wird verbessert (Produktmodifikation)
  und gleichzeitig werden neue Nachfolgeprodukte entwickelt. Die Konkurrenz beginnt das Produkt zu imitieren. Auch in dieser Phase wird das
  Preisniveau i.d.R. noch hoch sein, da der Anbieter die Vorlaufkosten abdecken muss. Weiterhin können in dieser Phase, die durch eine noch ge-

ringe Wettbewerbsintensität gekennzeichnet ist, die höchsten Gewinn-margen erzielt werden.

- **Phase 4: Reifephase (Maturity Stage)**
  Bei Erreichen eines bestimmten Absatzniveaus und durch den verstärkten Markteintritt von Wettbewerbern erreicht das Produkt die Reifephase. Da der Markt nun gesättigt ist, kann weiteres Wachstum nur noch mit sehr hohem Aufwand erreicht werden. Hier ist es vorrangiges Ziel, den Markt-anteil zu verteidigen und zu stabilisieren. Durch den verstärkten Wettbe-werbsdruck wird das Preisniveau absinken. Allerdings sollte der Hersteller zu diesem Zeitpunkt in der Lage sein, Kostenvorteile aus der Massenpro-duktion zu ziehen.

- **Phase 5: Rückgang (Decline Stage)**
  Nach einer gewissen Zeit wird der Absatz des Produktes zurückgehen. Der Grund ist häufig eine technische oder modische Überalterung. Neu-ere Angebote gewinnen das Interesse der Käufer. Schließlich wird das Produkt zum Auslaufprodukt. Es erfolgt eine Reduzierung des Werbe-etats. Die Nachfrage sinkt, der Gewinn ist rückläufig. Dies bedeutet aller-dings nicht, dass Produkte in der Rückgangsphase nicht mehr profitabel sein können. Gerade wenn alle Wettbewerber bereits aus dem Markt aus-geschieden sind, kann die „Strategie des letzten Eismannes" wirtschaftlich sinnvoll sein. Frei von Wettbewerbsdruck, ohne größere Investitionen und unter Ausnutzung der Vorteile einer im Zeitablauf immer effektiver ge-wordenen Fertigung kann der verbliebene kleinere Markt noch effizient bedient werden. Hinzu kommt, dass die Preise in einer solchen Konstella-tion zum Anstieg tendieren. Sinkt das Absatzniveau letztlich unter ein wirtschaftlich vertretbares Niveau, wird das Produkt vom Markt genom-men.

- **Phase 6: Relaunch**
  Der Eintritt des Eliminationszeitpunktes kann durch einen sog. Relaunch hinausgezögert werden (vgl. Raben 1995, S. 418 - 420; Tennagen 1993; Zernisch 1992, S. 418 - 419; Zindel 1986). Hierunter versteht man die Wiederbelebung eines existierenden Produktes durch Umgestaltung und/oder schlagartig einsetzende Intensivierung der Marketingbe-mühungen, wobei die Identität des Produktes gewährleistet bleiben muss (to launch = vom Stapel lassen, taufen, Starthilfe geben, einführen; to re-launch = ein Produkt noch einmal „vom Stapel lassen"). Als synonyme Begriffe für einen Relaunch finden sich Produkt bzw. Markenpflege und Facelifting (Automobilindustrie), Repositionierung (Konsumgüterindust-rie) und Trading-up bzw. Trading-down (Handel).

In Abb. 9 sind wesentliche **Charakteristika der vier Kernphasen** des Produktlebenszyklus (exkl. Entwicklungsphase und Relaunch) zusammengefasst.

Abb. 9: Ausgewählte Charakteristika der einzelnen Kernphasen des Produktlebenszyklus

Phase des PLZ\nCharakteristika	Einführung	Wachstum	Rückgang	Abschwung
Absatz	Langsames Wachstum	Schnelles Wachstum	Abnehmendes Wachstum	Fallend
Produkt-deckungsbeitrag	Negativ	Wechsels ins Positive	Abschwächend positiv bis rückläufig	Fallend
Kunden	Innovatoren	Frühe Imitatoren und frühe Mehrheit	Späte Mehrheit	Nachzügler
Wettbewerber	Wenige	Zunehmend	Zahlreich	Rückläufige Zahl
Strategischer Fokus	Marktexpansion	Marktdurch-dringung	Verteidigung von Marktanteilen	Rationalisierung und Kostenma-nagement

Quelle: in Anlehnung an Bagozzi/Rosa/Celly/Coronel (2000, S. 537 - 538).

Grundsätzlich kann festgestellt werden, dass sich die Lebenszyklen von Produkten verkürzen. Dieser Trend erfordert es, neue Produkte möglichst schnell aus der Einführungs- in die Wachstumsphase zu überführen und damit möglichst früh hohe Umsätze sowie Gewinne zu realisieren. Die grundlegenden vor- und Nachteile des Produktlebenszykluskonzepts sind Abb. 10 zu entnehmen.

Abb. 10: Vor- und Nachteile des Produktlebenszyklus-Konzepts

Vorteile	Nachteile
• Vorherbestimmen des weiteren Absatzverlaufs eines Produktes • Hinweis auf spezifischen Einsatz des Marketinginstrumentariums in jeder Phase des Produktlebenszyklus bedingt durch bestimmte Konstellation im magischen Dreieck „Unternehmen – Kunde – Konkurrenz" • Entgegenwirken einer überalterten Programmstruktur	• Immer häufigere Diskrepanz zwischen realen Entwicklungen eines Produktes und theoretisch geforderten Phasen des PLZ • In der Realität Vielzahl von PLZ-Mustern, die so unterschiedlich ausgeprägt sind, als dass sie von allgemeinem Nutzen sein könnten. • Keine Prognose der Dauer einzelner Phasen im PLZ • PLZ keine Gesetzmäßigkeit, sondern Konsequenz der jeweils eingesetzten Marketingstrategien und -instrumente

Fallstudie	**Vernachlässigtes Lebenszyklus-Management in der Pharmaindustrie**

Aspirin gilt als Paradebeispiel für ein optimales Lebenszyklus-Management von Medikamenten. Ansonsten lassen Unternehmen viele Chancen ungenutzt, wenn es darum geht, den Wert ihrer Medikamente, die im Regelfall für hunderte Millionen Euro entwickelt werden, über deren gesamten Lebenszyklus zu optimieren.

Zwar sind sich die meisten Pharmakonzerne darüber im Klaren, dass es sinnvoll ist, die Indikationsgebiete und damit die Breite des Anwendungsgebietes für ein patentgeschütztes Medikament nach dessen Einführung stetig weiter auszudehnen. Auf diese Weise lässt sich der Patentschutz verlängern. Doch abgesehen davon fokussieren sich die großen Pharmakonzerne zu stark auf die Entwicklung des nächsten großen Kassenschlager-Medikaments und vernachlässigen damit die Planungen für die Zeit nach dem Patentschutz.

Dieses Versäumnis gewinnt vor dem Hintergrund der abnehmenden Forschungsproduktivität an Schärfe: Während die Forschungsausgaben der Pharmaindustrie stetig anwachsen, sinkt die Zahl der Neuzulassungen. Potenzierend kommt hinzu, dass eingeführte Medikamente immer früher Konkurrenz durch Wettbewerbspräparate bekommen. Waren früher Medikamente nicht selten 20 Jahre lang ohne ernstzunehmende Konkurrenz, bekam das 1999 eingeführte Rheumamittel Celebrex bereits nach rund einem Jahr ernsthaften Wettbewerb durch das in der Wirkung vergleichbare Präparat Vioxx.

Quelle: o. V.: Aspirin als Muster der Markenpflege, in: Frankfurter Allgemeine Zeitung, Nr. 225 vom 27. September 2004, S. 18.

2.2.3 Portfolio-Analyse

Die Ist-Situation eines Unternehmens lässt sich mit Hilfe der Portfolio-Analyse analysieren (vgl. im Folgenden Böcker/Diller 2001, S. 1273 - 1274; Dunst 1979; Meffert 2000, S. 249 - 266; Nieschlag/Dichtl/Hörschgen 2002, S. 118 - 149; Uhr/Müller 1998). Diese stammt ursprünglich aus dem **Finanzbereich** und hat dort zur Aufgabe, die Wertpapieranlage unter Rendite- und Risikogesichtspunkten zu optimieren. Übertragen auf den Marketingbereich ist es das Ziel der Portfolio-Analyse, die Ressourcen eines Unternehmens auf solche Strategischen Geschäftseinheiten zu lenken, bei denen die Marktchancen günstig erscheinen und ein Unternehmen Vorteile gegenüber seinen Wettbewerbern nutzen kann.

Unter einer **Strategischen Geschäftseinheit** (SGE; engl.: SBU = ‚strategic business unit') versteht man solche Produkt / Markt-Kombinationen eines

Unternehmens, die in sich homogen, voneinander aber deutlich abgrenzbar sein müssen. Strategische Geschäftseinheiten sind gekennzeichnet durch:

- eine eigene Strategie und Planung,
- eigenständige Ziele,
- eine eigene Aufgabenstellung,
- eine erkennbare Gruppe von Konkurrenten,
- ein spezifisches Kundensegment sowie
- Planungs- und Ergebnisverantwortlichkeit.

Als Strategische Geschäftseinheiten eines Lebensmittelproduzenten wären bspw. Fertigsuppen, Backzutaten und Tiefkühlprodukte denkbar.

Das bekannteste Portfolio-Modell ist die BCG-Matrix. Die von der Boston Consulting Group, einem renommierten und weltweit tätigen Beratungsunternehmen entwickelte BCG-Matrix dient zur Bewertung Strategischer Geschäftseinheiten anhand der **Maßstäbe**:

- **relativer Marktanteil (horizontale Achse) und**
- **prozentuales Marktwachstum (vertikale Achse).**

Der **relative Marktanteil** bestimmt das Verhältnis aus eigenem Marktanteil und dem Marktanteil des größten Konkurrenten (vgl. im Folgenden Schneider/Hennig 2001, S. 130 - 134).

$$\text{Relativer Marktanteil (in \%)} = \frac{\text{Eigener Marktanteil}}{\text{Marktanteil des größten Wettbewerbers}} \times 100$$

Fallbeispiel	**Absoluter und relativer Marktanteil eines Automobilherstellers**

Ein Automobilhersteller A verkauft in einer Region 4.000 Pkw, sein größter Wettbewerber B hingegen 8.000 Einheiten. Insgesamt werden in diesem Gebiet 20.000 Pkws verkauft. Demnach verfügt Automobilhersteller A über einen absoluten Marktanteil von 20 % = (4.000 Pkw : 20.000 Pkw) x 100. Bei seinem Konkurrenten B beläuft sich der Marktanteil auf 40 % = (8.000 Pkw : 20.000 Pkw) x 100.

Der relative Marktanteil des Automobilherstellers A beläuft sich auf 50 % = (20 % : 40 %) x 100. Unter der Annahme, dass Unternehmen A der zweitgrößte Anbieter am Markt ist, beträgt der relative Marktanteil des Wettbewerbers B 200 % = (40 % : 20 %) x 100. Das Beispiel verdeutlicht, dass der alleinige Marktführer immer über einen relativen Marktanteil von mehr als 100 % verfügt.

Der relative Marktanteil bietet gegenüber dem absoluten Marktanteil den Vorteil, dass er einen indirekten Einblick in die Struktur bzw. Größenverhältnisse des jeweiligen Marktes bietet. Denn ein absoluter Marktanteil von 20 % hat in einem Markt mit 20 Wettbewerbern einen ganz anderen Stellenwert, als wenn ein Unternehmen lediglich auf zwei Konkurrenten trifft.

Die Berechnung des Marktanteils ist vollkommen unproblematisch, schwierig ist hingegen seine genaue Ermittlung. Prinzipiell kann der Marktanteil ermittelt werden auf der Ebene:

- der Hersteller (Verwendung unternehmenseigener Absatzzahlen bzw. Absatzschätzungen),
- des Handels (mit Hilfe von Händlerbefragungen) und
- der Konsumenten bzw. der Nachfrager (durch Verbraucherbefragungen).

Auf der vertikalen Achse des BCG-Portfolios wird das **Marktwachstum** (in %) abgetragen. Dieses berechnet sich aus dem Verhältnis zwischen dem Marktvolumen im Betrachtungszeitraum und dem Marktvolumen im vergangenen Zeitraum. Um das Marktvolumen zu bestimmen, muss man die Umsätze bzw. Absatzmengen aller Wettbewerber kennen und addieren. Wächst ein Markt, ist das Marktwachstum größer als 0. Insbesondere neue, junge Märkte, die eine große Nachfrage verzeichnen, wachsen. Stagniert bzw. schrumpft ein Markt, beträgt das Marktwachstum gleich bzw. kleiner als 0.

Ein Markt ist umso attraktiver, je stärker er wächst. Dementsprechend gilt das Marktwachstum als eine der Haupteinflussgrößen des Unternehmenserfolges. Studien (u.a. die PIMS-Studie: Profit Impact of Market-Strategies, d.h. die Auswirkungen des Marketing auf den Gewinn) belegen, dass sich das Marktwachstum positiv auf den Gewinn, jedoch negativ auf den Cash-Flow auswirkt. Theoretische Untermauerung finden diese Befunde u.a. im Produktlebenszyklus-Konzept (vgl. Abschnitt 2.2.2).

Abb. 11 ist ein Beispiel für ein Marktanteils-Marktwachstums-Portfolio der Boston-Consulting-Group zu entnehmen. Jeder der abgebildeten Kreise steht für eine Strategische Geschäftseinheit (= SGE), wobei die Fläche des jeweiligen Kreises das dort erzielte Umsatzvolumen und die Schattierung eine weitere, vom Entscheider zu wählende Zielgröße (etwa Deckungsbeitrag) repräsentieren. Die Position im Portfolio zeigt die Markt- und Wettbewerbssituation der jeweiligen SGE an.

Auf der horizontalen Achse ist der Marktanteil in Relation zum Marktführer abgetragen. Die Trennlinie zwischen kleinem und großem relativen Marktanteil wird üblicherweise bei dem Wert 1 gezogen. Eine SGE, die sich genau auf der vertikalen Achse befindet, besitzt demnach den gleichen Marktanteil wie der stärkste Wettbewerber.

Die vertikale Achse repräsentiert das jährliche Wachstum des Marktes, auf dem die jeweilige SGE tätig ist. Als Trennlinie zwischen geringem und starkem Zuwachs wählt man in der Regel den Branchendurchschnitt der vergangenen Jahre.

Abb. 11: Das Marktanteils-Marktwachstums-Portfolio der Boston-Consulting-Group

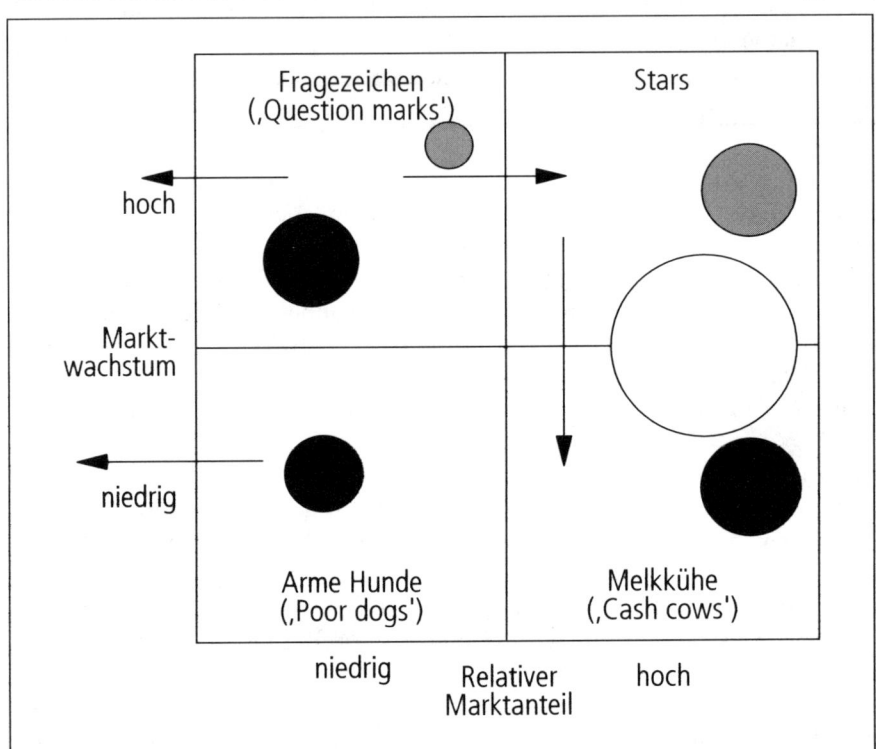

Die BCG-Matrix ist in die folgenden vier Felder eingeteilt, für die jeweils **Normstrategien** vorgeschlagen werden:

- **Fragezeichen („Question Marks")** zeichnen sich durch einen geringen relativen Marktanteil, aber ein hohes Marktwachstum aus. In Fragezeichen sollte das Unternehmen investieren, um am Marktwachstum zu partizipieren und den Anschluss an den Marktführer nicht zu verlieren. Gelingt dies nicht, sollte desinvestiert werden (etwa durch Verkauf).

- **Stars („Stars")** verfügen über einen hohen relativen Marktanteil und ein starkes Marktwachstum. In Stars sollte das Unternehmen in der Regel weiter investieren.

- **Milchkühe („Cash Cows")** sind durch einen hohen relativen Marktanteil und ein geringes Marktwachstum charakterisiert. Das Unternehmen sollte die Größenvorteile seiner Milchkühe nutzen, um seine Marktmacht aufrechtzuerhalten. Des Weiteren sollten hier ausschließlich Rationalisierungs- sowie Ersatzinvestitionen getätigt und die überschüssigen Mittel in andere SGE (Stars und gegebenenfalls Question Marks) investiert werden.

- **Arme Hunde („Poor Dogs")** weisen einen geringen relativen Marktanteil und ein geringes Marktwachstum auf. Das Unternehmen sollte überlegen, ob es sich aus diesem Feld zurückzieht. Optionen sind der Verkauf oder die Stilllegung von Anlagen.

Abb. 12: Vor- und Nachteile des BCG-Portfolios

Vorteile	Nachteile
• Einfache Handhabbarkeit, da die beiden Erfolgsfaktoren relativer Marktanteil und Marktwachstum mit überschaubarem Aufwand zu erfassen sind • Unmittelbare Vorgabe von Normstrategien • Hohe Anschaulichkeit und damit leichte Kommunizierbarkeit	• Konzentration auf die stärksten Konkurrenten und damit Gefahr, dass junge, aufstrebende Unternehmen zu spät erkannt werden • Fokussierung auf zwei Erfolgsfaktoren und damit Vernachlässigung weiterer wichtiger Einflussgrößen (gemäß PIMS-Studien z.B. Produktqualität, Marketingaufwendungen, Investitionsintensität) • Grobstrukturige Vereinfachung der Realität infolge Dichotomisierung der beiden Achsen in „hoch" und „niedrig"

Insbesondere die letzten beiden der oben angeführten Kritikpunkte führten zur Entwicklung der McKinsey-Matrix (auch McKinsey Matrix/General Electric-Modell), die in neun Felder eingeteilt ist, für die - ähnlich der BCG-Matrix - Normstrategien existieren.

2.2.4 ABC-Analyse

Die ABC-Analyse dient ganz allgemein dazu, eine Menge von Objekten hinsichtlich ihrer Bedeutung zu strukturieren und zu klassifizieren. Dabei werden A-Objekte als sehr wichtig, B-Objekte als weniger wichtig und C-Objekte als eher unwichtig beurteilt. Bei den Objekten kann es sich um Produkte, Kunden, Regionen, Mitarbeiter oder Lieferanten, aber auch um Aufgaben handeln. Die Strukturierung ist anhand unterschiedlicher Kriterien möglich. In der Unternehmenspraxis am häufigsten anzutreffen sind ABC-Analysen, die sich am Umsatz ausrichten (vgl. Abb. 13).

Abb. 13: Umsatzbetrachtung mithilfe der ABC-Analyse

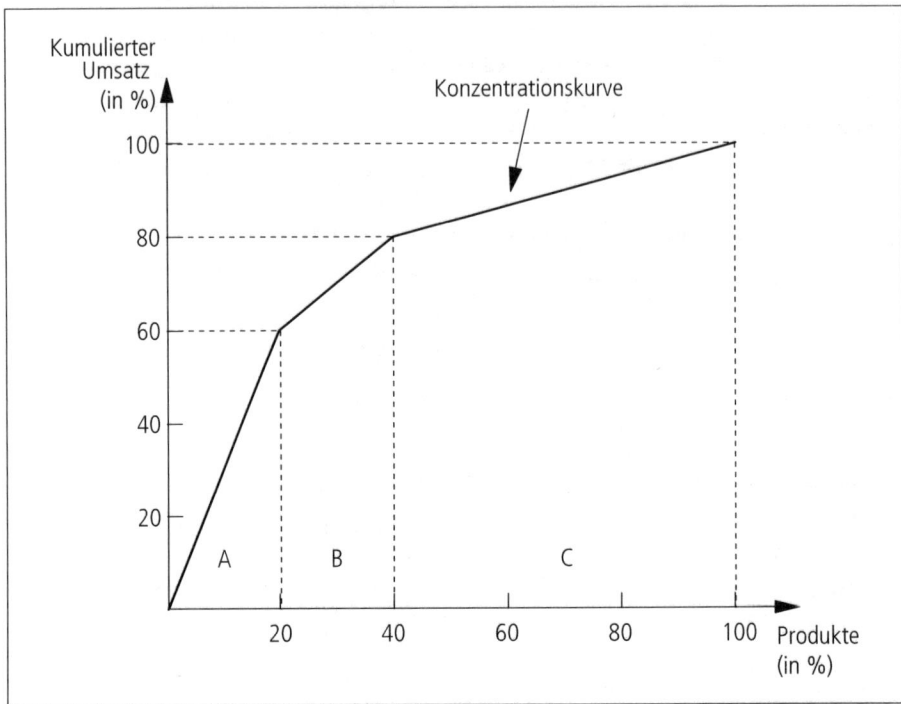

Als **Konsequenz** aus den Ergebnissen der ABC-Analyse lässt sich ableiten, dass die Ressourcen und Aktivitäten zukünftig noch stärker auf die A-Produkte konzentriert und die C-Produkte erheblich zurückgeschraubt bzw. eliminiert werden müssen.

Die Anwendung der ABC-Analyse birgt die **Gefahr**, aus den Ergebnissen falsche Schlussfolgerungen zu ziehen. Aus diesem Grund sollten die in Abb. 14 angestellten Überlegungen in die Entscheidungsfindung einbezogen werden.

Abb. 14: Vor- und Nachteile der ABC-Analyse

Vorteile	Nachteile
• Hoher Verbreitungsgrad, da einfach handhabbar und flexibel einsetzbar • Umsatz nach wie vor eine der wichtigsten Zielgrößen	• Umsatzstarke Produkte nicht unbedingt die ertragsstärksten $\Rightarrow$ flankierende Einbeziehung von Kriterien wie Rendite, Deckungsbeitrag u.ä. • Ausblendung von Verbundbeziehungen zwischen umsatzschwachen und umsatzstarken Produkten $\Rightarrow$ Elimination von C-Produkten u.U. fataler Fehler • Ausschließliche Konzentration auf A-Produkte $\Rightarrow$ Kostenvorteile, gleichzeitig aber auch erhebliche Risikosteigerung • Gegenwarts- bzw. Vergangenheitsbezug $\Rightarrow$ unzureichende Berücksichtigung zukünftiger Entwicklungen

Trotz der geschilderten Einschränkungen hat die ABC-Analyse in der Praxis weite Verbreitung gefunden, was daran liegt, dass das Verfahren einfach zu handhaben sowie flexibel einsetzbar ist und der Umsatz nach wie vor eine der wichtigsten Zielgrößen darstellt.

2.2.5 Break-Even-Analyse

Die Break-Even-Analyse dient dazu, jene Absatzmenge zu ermitteln, bei der ein Anbieter seine Kosten gedeckt hat und in die Gewinnzone eintritt. Dabei ist der Break-Even-Point (auch Deckungspunkt, Gewinnschwelle, Kostendeckungspunkt, Mindestabsatz, Nutzenschwelle) derjenige Punkt, an dem die gesamten Erlöse den gesamten Kosten entsprechen (vgl. Abb. 15). Der Break-Even-Point berechnet sich folgendermaßen:

$$\text{Break-Even-Point} = \frac{\text{Fixkosten}}{\text{Deckungsbeitrag}}$$

Dabei berechnet sich der Deckungsbeitrag aus Verkaufspreis abzüglich der variablen Stückkosten (= Kosten, die abhängig von der Ausbringungsmenge sind, im Gegensatz zu den Fixkosten, die unabhängig von der Ausbringungsmenge anfallen). An dieser Stelle beträgt der Gewinn folglich Null. Bei einer unter dem Break-Even-Point liegenden Absatzmenge werden Verluste, bei einer über diesem Punkt liegenden Absatzmenge werden Gewinne erwirtschaftet.

Der Break-Even-Punkt lässt sich auf **drei Arten beeinflussen**:
- Erhöhung des Verkaufspreises
- Senkung der variablen Kosten
- Senkung der Fixkosten

Abb. 15: Break-Even-Analyse - ein Beispiel

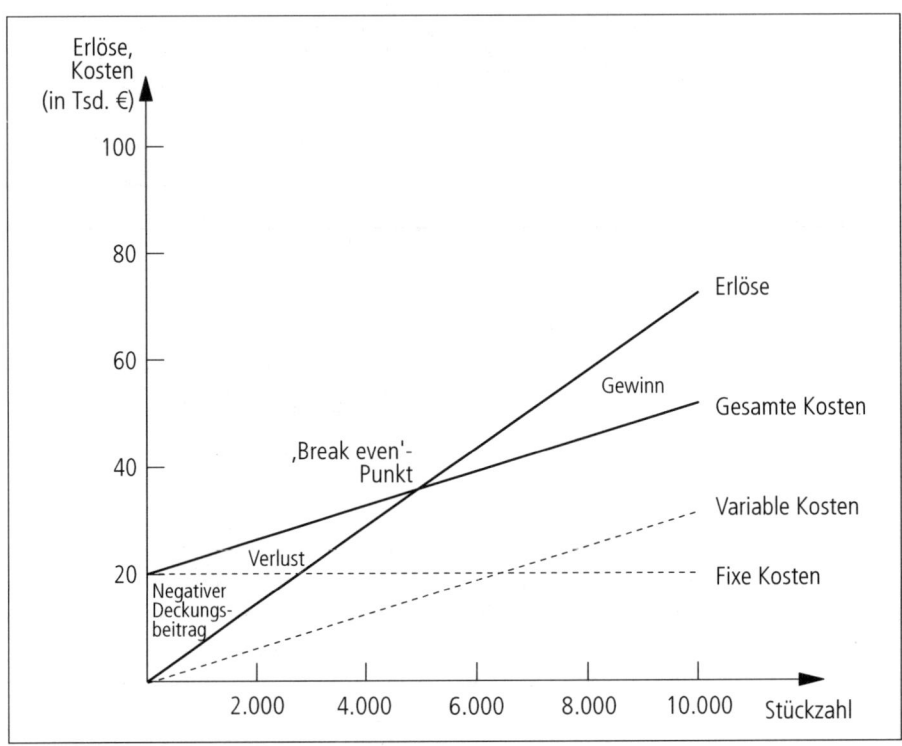

| Fallbeispiel | **Berechnung des Break-Even-Points** |

Ein Hot-Dog-Verkäufer hat monatliche fixe Kosten von 3.000 Euro. Die für einen Stückpreis von 0,40 Euro eingekauften Hot Dogs werden zu einem Preis von 1,60 Euro verkauft. Demnach belaufen sich die variablen Stückkosten auf 1,20 Euro.

$$\text{Break-Even-Point} = \frac{3.000 \text{ Euro (Fixkosten)}}{1,60 \text{ Euro} - 0,40 \text{ Euro (Deckungsbeitrag)}} = 2.500 \text{ Stück}$$

Bei einem Absatz von 2.500 Würstchen wird die Gewinnschwelle erreicht. Das entspricht einem Break-Even-Umsatz von 4.000 Euro = 2.500 Stück x 1,60 Euro.

Im Marketing am häufigsten anzutreffen ist die Break-Even-Analyse bei Neu-produktprojekten sowie anderen Investitionsentscheidungen (z.B. im Fuhr-park, Lager, bei Werbekampagnen). So gilt eine Produktinnovation als ak-zeptabel, wenn die durch die Marktforschung prognostizierte Absatzmenge nicht kleiner als die Break-Even-Menge ist.

Des Weiteren unterstützt die Break-Even-Analyse darin, mögliche Risiken zu begrenzen. Das Risiko beispielsweise einer Investition ist umso höher, je grö-ßer die Break-Even-Menge ist. Diese Gefahren lassen sich u.a. durch Preis- und/oder Kostenänderungen beeinflussen.

Schließlich kann dieses Verfahren auch zum Vergleich von Entscheidungs-optionen mit unterschiedlicher Kostenstruktur (z.B. Fixkostensockel) genutzt werden. Hierfür typische Anwendungsfälle sind sog. Make-or-buy-Entschei-dungen (z.B. Einsatz von Reisenden oder Handelsvertretern, Auftrag an Wer-beagentur oder Unterhaltung einer eigenen Werbeabteilung).

Bei genauerer Analyse wird offenkundig, dass die Break-Even-Analyse einige inhaltliche **Unzulänglichkeiten** aufweist:

- Es erscheint nicht zweckmäßig, einer Investition auch solche Fixkosten an-zulasten, die ohnehin schon aufgrund früherer Entscheidungen anfallen und durch die jetzige Entscheidung überhaupt nicht beeinflusst werden. Man denke in diesem Zusammenhang etwa an die anteiligen Gehälter der Vertriebsleitung. Gemäß dem Grundsatz der Veränderungsrechnung sind nur diejenigen Fixkosten in die Break-Even-Analyse einzubeziehen, die durch die Entscheidung effektiv verringert bzw. erhöht werden können, da ansonsten die Soll-Absatzmenge zu hoch ausfallen kann.
- Die Break-Even-Analyse stellt eine starke Vereinfachung der Realität dar, da Kosten und Erlöse in Abhängigkeit von nur einer einzigen Einfluss-größe, nämlich der Ausbringungsmenge, gesehen werden. In der Praxis je-doch sind Kosten und Erlöse von einer Vielzahl von Faktoren (etwa Akti-vitäten der Wettbewerber, Kaufkraft der Kunden u.ä.) abhängig.
- Es bereitet nicht zu unterschätzende Schwierigkeiten, die Erlös- und Kos-tenfunktionen in der Praxis zu ermitteln. Hier müssen qualitative (etwa Expertenschätzungen im Falle der Einführung eines neuen Produktes) und/oder quantitative Prognoseverfahren (z.B. Trendextrapolation, d.h. das Fortschreiben von Vergangenheitswerten in die Zukunft; vgl. hierzu Abschnitt 4.5) zum Einsatz kommen.
- Die Break-Even-Analyse unterstellt, dass Erlös- und Kostenfunktion unab-hängig voneinander sind, was in der Realität nur in den seltensten Fällen gegeben ist. So beeinflussen beispielsweise Werbeaktivitäten sowohl die Kosten- als auch die Erlösfunktion eines Unternehmens.

- Bei der Break-Even-Analyse bleibt die Entwicklung nach dem Erreichen der Gewinnschwelle unbeachtet. Infolge dieses Defizits kann es zu gravierenden Fehlentscheidungen kommen, wenn beispielsweise die Gewinnschwelle schnell erreicht wird, es daran anschließend jedoch zu Verlustperioden infolge von Erlösschmälerungen und/oder Kostensteigerungen kommt.

Abb. 16: Einsatzpotential und Schwächen der Break-Even-Analyse

Einsatzpotential	Schwächen
• Investitionsentscheidungen	• Einbeziehung von Fixkosten, die ohnehin anfallen
• Abschätzung von Risiken	
• Make-or-buy-Entscheidungen	• Starke Vereinfachung der Realität, Erlöse und Kosten ausschließlich in Abhängigkeit von der Ausbringungsmenge zu analysieren
	• Erhebliche Schwierigkeiten bei der Prognose von Erlös- und Kostenfunktionen
	• Annahme der Unabhängigkeit von Erlös- und Kostenfunktion realitätsfern
	• Gefahr, potentielle Verluste nach Erreichen der Gewinnschwelle auszublenden

2.3 Kontrollaufgaben

Aufgabe 2.1: Aufbau einer Marketing-Konzeption

Bringen Sie die folgenden Bausteine einer Marketing-Konzeption in die richtige Reihenfolge!

(1) Marketing-Forschung, (2) Marketing-Mix, (3) Marketing-Kontrolle, (4) Marketing-Strategien, (5) Marketing-Ziele

....

Aufgabe 2.2: Gap-Analyse

Markieren Sie, ob die folgenden Aussagen richtig oder falsch sind!

Die gewünschte Entwicklung, welche die Zielvorstellungen hinsichtlich eines Beurteilungskriteriums (etwa Gewinn oder Umsatz) zum Ausdruck bringt, bezeichnet man als Sollgröße.　　　　　Richtig ☐　　Falsch ☐

Die erwartete Entwicklung, die eintreten wird, wenn alles wie bisher läuft, bezeichnet man als Ist-Größe.　　　　　Richtig ☐　　Falsch ☐

Dem Konzept der Gap-Analyse folgend kann eine Ziellücke zwischen der erwarteten Entwicklung und der Entwicklung in der Vergangenheit auftreten.

Richtig ☐ Falsch ☐

Die Ziellücke lässt sich in eine strategische und eine operative Lücke untergliedern.

Richtig ☐ Falsch ☐

Eine Ziellücke lässt sich schließen, indem man die Ziele nach unten korrigiert

Richtig ☐ Falsch ☐

Um eine Ziellücke auf der Handlungsebene zu schließen, reicht es aus, Veränderungen beim Marketing-Mix vorzunehmen.

Richtig ☐ Falsch ☐

Aufgabe 2.3: Produktlebenszyklus-Analyse

Markieren Sie, ob die folgenden Aussagen richtig oder falsch sind!

Die Produktlebenszyklus-Kurve weist in ihrer idealtypischen Darstellung einen S-förmigen Verlauf auf.

Richtig ☐ Falsch ☐

In der Realität durchläuft jedes Produkt sämtliche Phasen des Produktlebenszyklus.

Richtig ☐ Falsch ☐

Das Produktlebenszyklus-Konzept basiert auf der Annahme, dass die Existenz eines Produktes zeitlich unbegrenzt ist.

Richtig ☐ Falsch ☐

Das Produktlebenszyklus-Modell basiert auf der Annahme, dass zu jeder Phase eine optimale Marketing-Strategie existiert.

Richtig ☐ Falsch ☐

In der Entwicklungsphase eines Produktes entstehen grundsätzlich negative Produktdeckungsbeiträge.

Richtig ☐ Falsch ☐

Der Anstoß für eine Innovation erfolgt grundsätzlich von externer Seite, also durch Kunden, Wettbewerber und/oder Erfinder.

Richtig ☐ Falsch ☐

Der Diffusions- bzw. Adaptionsprozess einer Innovation wird von den Innovatoren in Gang gesetzt und von der späten Mehrheit abgeschlossen.

Richtig ☐ Falsch ☐

Angesichts der immensen Kosten und der noch geringen Anzahl von Nutzern lassen sich in der Einführungsphase trotz der in der Regel hohen Preise noch keine Gewinne bzw. positiven Produktdeckungsbeiträge realisieren.

Richtig ☐ Falsch ☐

In der Wachstumsphase ist es besonders wichtig, das Produkt bekannt zu machen und Distributionskanäle aufzubauen.

Richtig ☐ Falsch ☐

In der Wachstumsphase lassen sich die höchsten Gewinnmargen erzielen, da noch eine geringe Wettbewerbsintensität herrscht.

Richtig ☐ Falsch ☐

In der Reifephase sinkt i.d.R. das Preisniveau infolge der gesteigerten Wettbe-werbsintensität.   Richtig ☐   Falsch ☐

Produkte sollten bereits während der Reifephase ihres Lebenszyklus eliminiert werden, um Verluste in der nachfolgenden Degenerationsphase zu vermei-den.   Richtig ☐   Falsch ☐

Der Eintritt des Eliminationszeitpunktes kann durch einen sog. Relaunch hinaus-gezögert werden.   Richtig ☐   Falsch ☐

Aufgabe 2.4: Portfolio-Analyse nach Boston Consulting Group

Markieren Sie, ob die folgenden Aussagen richtig oder falsch sind!

Unter einer Strategischen Geschäftseinheit versteht man solche Produkt/-Markt-Kombinationen eines Unternehmens, die in sich homogen, voneinander aber deutlich abgrenzbar sein müssen.   Richtig ☐   Falsch ☐

Die BCG-Matrix dient zur Bewertung Strategischer Geschäftseinheiten anhand der Maßstäbe absoluter Marktanteil und prozentuales Marktwachstum.
                                                  Richtig ☐   Falsch ☐

Der relative Marktanteil bestimmt das Verhältnis aus eigenem Marktanteil und dem Marktanteil des nächst größeren Konkurrenten. Richtig ☐   Falsch ☐

„Cash Cows" haben einen geringen Marktanteil, der Markt wächst jedoch sehr stark. Eine solche SGE sollte ausgebaut werden, um sich der Position des Marktführers anzunähern und am Marktwachstum zu partizipieren.
                                                  Richtig ☐   Falsch ☐

Es kann unter Umständen aus Prestigegründen kurzfristig sinnvoll sein, „Arme Hunde" weiterhin zu produzieren.   Richtig ☐   Falsch ☐

Es kann durchaus sinnvoll sein, einen „Armen Hund" weiterhin zu produzieren, nämlich dann, wenn der Nachfrager sie im Verbund mit anderen, gewinn-trächtigen Produkten kauft. Mit Hilfe des Kalkulatorischen Ausgleichs kann der „Arme Hund" so subventioniert werden.   Richtig ☐   Falsch ☐

Der Ausbau der Position von „Cash Cows" erfordert umfangreiche Geldmittel.
                                                  Richtig ☐   Falsch ☐

„Stars" entwickeln sich innerhalb eines idealtypischen Produktlebenszyklus zu „Milchkühen".   Richtig ☐   Falsch ☐

Für das BCG-Portfolio sprechen die hohe Anschaulichkeit und damit die leichte Kommunizierbarkeit.   Richtig ☐   Falsch ☐

Eine zentrale Stärke des BCG-Portfolios liegt darin, dass man sich nicht nur auf die stärksten Konkurrenten konzentriert, sondern auch junge, aufstrebende Unternehmen frühzeitig erkennt.   Richtig ☐   Falsch ☐

Aufgabe 2.5: ABC-Analyse

Markieren Sie, ob die folgenden Aussagen richtig oder falsch sind!

Die ABC-Analyse dient ganz allgemein dazu, eine Menge von Objekten hinsichtlich ihrer Bedeutung zu strukturieren und zu klassifizieren.

Richtig ☐ Falsch ☐

Bei der ABC-Analyse werden A-Objekte als sehr wichtig, B-Objekte als weniger wichtig und C-Objekte als eher unwichtig beurteilt. Richtig ☐ Falsch ☐

Als Konsequenz aus den Ergebnissen der ABC-Analyse lässt sich ableiten, dass die Ressourcen und Aktivitäten zukünftig noch stärker auf die A-Produkte konzentriert und die C-Produkte erheblich zurückgeschraubt bzw. eliminiert werden müssen.

Richtig ☐ Falsch ☐

C-Produkte können dazu beitragen, A-Produkte abzusetzen (sog. Verbundeffekte). In solchen Fällen wäre es fatal, die C-Produkte aus dem Sortiment zu streichen.

Richtig ☐ Falsch ☐

Die umsatzbezogene ABC-Analyse berücksichtigt, dass umsatzstarke Produkte nicht unbedingt die ertragsstärksten sein müssen.

Richtig ☐ Falsch ☐

Eine ausschließliche Konzentration auf A-Produkte senkt die Unternehmensrisiken.

Richtig ☐ Falsch ☐

Die üblicherweise durchgeführte ABC-Analyse ist nicht nur gegenwarts- bzw. vergangenheitsbezogen, sondern auch zukunftsbezogen.

Richtig ☐ Falsch ☐

Aufgabe 2.6: Break-Even-Analyse

Markieren Sie, ob die folgenden Aussagen richtig oder falsch sind!

Die Break-Even-Analyse dient dazu, jene Absatzmenge zu ermitteln, bei der ein Anbieter seinen Gewinn maximiert. Richtig ☐ Falsch ☐

Um den Break-Even-Point zu berechnen, dividiert man die variablen Kosten durch den Deckungsbeitrag. Richtig ☐ Falsch ☐

Beim Sicherheitsgrad handelt es um eine umsatzbezogene Kennziffer, die zum Ausdruck bringt, um wie viel Prozent der Umsatz bzw. Absatz sinken muss, bis die Gewinnschwelle erreicht wird. Richtig ☐ Falsch ☐

Der Break-Even-Point lässt sich durch Senkung des Verkaufspreises, der variablen und/oder der fixen Kosten positiv beeinflussen.

Richtig ☐ Falsch ☐

Das Risiko einer Investition ist umso höher, je größer die Break-Even-Menge ist.
Richtig ☐   Falsch ☐

Gemäß dem Grundsatz der Veränderungsrechnung sind nur diejenigen Fixkosten in die Break-Even-Analyse einzubeziehen, die durch die Entscheidung effektiv verringert bzw. erhöht werden können, da ansonsten die Soll-Absatzmenge zu hoch ausfallen kann.   Richtig ☐   Falsch ☐

Die Break-Even-Analyse unterstellt, dass Erlös- und Kostenfunktion unabhängig voneinander sind, was in der Realität in den meisten Fällen gegeben ist.
Richtig ☐   Falsch ☐

Die Break-Even-Analyse stellt eine starke Vereinfachung der Realität dar, da Kosten und Erlöse in Abhängigkeit von nur einer einzigen Einflussgröße, nämlich der Ausbringungsmenge, gesehen werden.   Richtig ☐   Falsch ☐

3 Marketing-Ziele

| Lernziele | **Dieses Kapitel vermittelt:** |

- welche Arten von Zielen es gibt,
- welche Aufgaben Ziele in Unternehmen erfüllen und
- welche Anforderungen an die Operationalisierung von Zielen gestellt werden.

3.1 Begriff und Ausprägungen

Marketing-Ziele sind **anzustrebende Sollzustände** in der **Zukunft**, die auf der Situationsanalyse, sprich Marktforschung, basieren, mittels Marketing-Strategien sowie deren operativer Umsetzung angesteuert werden und damit letztlich den Ausgangspunkt der Marketing-Kontrolle bilden. Grundsätzlich lassen sich Ziele anhand folgender, nicht ganz überschneidungsfreier **Kriterien** systematisieren:

- **Inhalt: ökonomische** (z.B. Umsatz-, Gewinnziele; Wachstums-, Marktanteils- und Kostenziele) **versus außerökonomische bzw. psychographische Ziele** (Steigerung des Bekanntheitsgrads, Veränderung des Images, Steigerung der Kundenzufriedenheit). Dabei wird eine Mittel-Zweck-Beziehung dergestalt konstatiert, dass psychographische Ziele der Erreichung ökonomischer Ziele dienen. Konsequenterweise fungieren psychographische Größen häufig als Frühindikatoren für ökonomische (Miss-)- Erfolge.

- **Bewertungsmaßstab: monetäre** (= in Geldeinheiten bewertete) **versus nicht-monetäre Ziele.** Während es sich beim Umsatz um eine monetäre Zielgröße handelt, repräsentiert die Erhöhung des Absatzes um 10 % ein nicht-monetäres Ziel.

- **Hierarchie: Ober-, Zwischen- und Unterziele.** Dabei gilt es zum einen, die Oberziele des Unternehmens über die Hierarchieebenen hinweg in Zwischen- und Unterziele für die einzelnen Unternehmensbereiche und Mitarbeiter „herunterzubrechen" (Top-Down-Ansatz). Zum anderen müssen die Unterziele über die Unternehmensebenen nach oben verdichtet werden (Bottom-Up-Ansatz). Angesichts des offensichtlichen Spannungsfeldes werden beide Verfahren in der Unternehmenspraxis im Zuge des Gegenstromverfahrens kombiniert.

- **Zeitlicher Horizont**: Hier lassen sich **strategische** (= langfristiger Horizont), **taktische** (= mittelfristiger Charakter) und **operative Ziele** (= kurzfristige Perspektive) unterscheiden.

3.2 Operationalisierung

Damit (Marketing-)Ziele ihre Funktion erfüllen können, müssen sie bestimmten **Anforderungen** genügen. Eine fundierte Operationalisierung, sprich Messung, von Marketing-Zielen erfordert deren Festlegung anhand der folgenden vier Kerndimensionen. Auf diese Weise lässt sich Zielverschiebungen, -verwässerungen und -manipulationen entgegenwirken (vgl. hierzu Becker 2001, S. 20 - 24; Meffert 1997, S. 4 - 5 sowie 15 - 20):

- **Objektbezug (Bei was?)**: Im Zuge der Festlegung des Zielobjektes (z.B. Babywindeln der Marke „XY") empfiehlt sich eine weitere Strukturierung anhand des Marketing-Mix-Instrumentariums. Beispiele hierfür wären die Steigerung der Innovationsrate (= Produkt- bzw. Sortimentspolitik), des Preisniveaus (= Preispolitik), der Distributionsquote (= Distributionspolitik) und des Bekanntheitsgrads (= Kommunikationspolitik).
- **Zielinhalt (Was?)**: Hier lassen sich absolute (z.B. Gewinn) und relative Zielgrößen (z.B. Rentabilität) unterscheiden. Dass sich die präzise Festlegung des Ziels nicht nur auf ökonomische Größen beschränkt, wird am Beispiel des psychographischen Ziels „Bekanntheitsgrad" deutlich. In diesem Fall gilt es festzulegen, ob es sich um den gestützten oder ungestützten Bekanntheitsgrad handelt.
- **Zielausmaß (Wie viel?)**: Während punktuell definierte Ziele einen konkreten Zielerreichungsgrad vorgeben (Beispiel: Gewinnziel = 20 Mio. Euro), legen zonal definierte Ziele Korridore fest (z.B. Gewinn zwischen 16 und 24 Mio. Euro).
- **Zeitbezug (Wann?)**: Ziele sollen entweder zu einem bestimmten Zeitpunkt (z.B. bis 31.12.2008) bzw. in einem bestimmten Zeitabschnitt (in 2008) realisiert werden. Oder aber die Ziele sollen während eines Zeitraums ständig erreicht bzw. auf einem bestimmten Niveau gehalten werden (z.B. „In 2008 soll während des ganzen Jahres ein wertmäßiger Marktanteil von mindestens 20 % gehalten werden.").

Speziell aus Marketingsicht kommen die folgenden zwei Dimensionen hinzu, die es in Abhängigkeit von der strategischen Ausrichtung festzulegen gilt:

- **Segment- sprich Zielgruppenbezug (Bei wem?)**: z.B. Eltern mit Kindern, die jünger als drei Jahre sind
- **Räumlicher Bezug (Wo?)**: z.B. im Verkaufsgebiet Ost

3.3 Kontrollaufgaben

Aufgabe 3.1: Zum Begriff eines Ziels

Füllen Sie die Lücken im Text mit den richtigen Begriffen aus!

Ist-Zustände, Marketing-Kontrolle, Marketing-Myopia, Marketingrestriktionen, Marketing-Strategien, operativer, Situationsanalyse, Sollzustände, strategischer, taktischer

Marketing-Ziele sind anzustrebende .... in der Zukunft, die auf der .... sprich Markt-Forschung basieren, mittels .... sowie deren .... Umsetzung angesteuert werden und damit letztlich den Ausgangspunkt der .... bilden.

Aufgabe 3.2: Arten von Zielen

Ordnen Sie die folgenden Ziele den richtigen Zielkategorien zu! Dabei kann es sein, dass ein Ziel mehreren Kategorien zugeordnet werden muss.

(1) Absatz, (2) Bekanntheitsgrad, (3) Gewinn, (4) Image, (5) Kostensenkung, (6) Kundenzufriedenheit, (7) mengenmäßiger Marktanteil, (8) Umsatz, (9) Wachstum

- Ökonomische Ziele: ....
- Psychographische Ziele: ....
- Monetäre Ziele: ....
- Nicht-monetäre Ziele: ....

Aufgabe 3.3: Funktion von Zielen

Kreuzen Sie bitte an, ob die folgenden Aussagen richtig oder falsch sind!

Ökonomische Ziele dienen grundsätzlich der Erreichung psychographischer Ziele. Richtig ☐ Falsch ☐

Psychographische Größen gelten als Spätindikatoren für ökonomische (Miss-)Erfolge. Richtig ☐ Falsch ☐

Ziele erfüllen eine Motivationsfunktion, da sie im Sinne einer Leistungsvorgabe Anreize schaffen.   Richtig ☐   Falsch ☐

Ziele entlasten Vorgesetzte bei der Führung von Mitarbeitern (sog. „Management by Exception").   Richtig ☐   Falsch ☐

Erst durch das Setzen von Zielen wird die Überprüfung von Handlungsergebnissen möglich.   Richtig ☐   Falsch ☐

Durch das Festlegen von Zielen wird gewährleistet, dass Entscheidungsträger auf die Durchführung unpopulärer Maßnahmen verzichten.
                                                             Richtig ☐   Falsch ☐

Aufgabe 3.4: Operationalisierung von Marketing-Zielen

Ordnen Sie den folgenden Zieldimensionen die entsprechenden Inhalte zu!

(1) 1. Quartal 2008, (2) 5 Mio. Euro, (3) PKW-Modell X der Marke YZ, (4) Privatkunden jünger als 40 Jahre (5) Umsatz; (6) Verkaufsgebiet Westeuropa

- Objektbezug: ....

- Zielinhalt: ....

- Zielausmaß: ....

- Zeitbezug: ....

- Segmentbezug: ....

- Räumlicher Bezug: ....

4 Marktforschung

Lernziele	Dieses Kapitel vermittelt:

- was man unter Marktforschung versteht,
- mit welchen Objekten sich die Marktforschung beschäftigt,
- was Charakteristika sowie Stärken und Schwächen von Fremd- und Eigenforschung sowie von Sekundär- und Primärforschung sind,
- welche Arten der Primärforschung es gibt und durch welche Stärken sowie Schwächen sich diese jeweils auszeichnen und
- was eine Prognose ist und welche Varianten existieren.

4.1 Begriff und Aufgaben

Marktforschung bezeichnet den systematischen Prozess der Sammlung und Auswertung von Informationen über Beschaffungs- und Absatzmärkte (= Mikro-Umwelt) und die Makro-Umwelt des Unternehmens sowie den Innenbereich des Unternehmens als Grundlage für Marketing-Entscheidungen. Auf der Beschaffungsseite stehen Lieferanten, Finanzpartner und potentielle Mitarbeiter, auf der Absatzseite Wettbewerber und Kunden im Zentrum der Betrachtung. Auf letzteren liegt unbestritten der Schwerpunkt der Marktforschung.

Grundsätzlich fallen der Marktforschung **drei Aufgaben** zu:

- Phänomene entdecken (**explorative Komponente**),
- Sachverhalte so detailliert wie möglich beschreiben (**deskriptive Komponente**) und
- Ursache-Wirkungs-Zusammenhänge zwischen Variablen aufdecken (**kausale bzw. explikative Komponente**).

Häufig kommt noch eine weitere Aufgabe hinzu, nämlich die Entwicklung von Gestaltungsempfehlungen (**normative Komponente**).

4.2 Objekte

Objekte der Marktforschung sind die Makro- und Mikro-Umwelt sowie der Innenbereich des Unternehmens. Die **Makro-Umwelt** setzt sich aus allen Bereichen zusammen, die zwar den Erfolg eines Unternehmens tangieren, von diesem selbst aber nicht oder nur in vernachlässigbarem Ausmaß beeinflusst werden können. Im Einzelnen sind dies:

- **Ökonomische Komponente**: Hierzu zählen volks- und weltwirtschaftliche Rahmenbedingungen wie Konjunktur, langfristiges Wirtschaftswachstum, Volkseinkommen, Beschäftigungs- und Auftragslage in verschiedenen Wirtschaftszweigen, Arbeitslosenquote, Zinsniveau, Geldmenge, Handelshemmnisse im internationalen Warenverkehr u.ä.
- **Sozio-kulturelle Komponente**: Diese fokussiert sich auf die Gesellschaftsstruktur und umfasst Aspekte wie Bevölkerungsstruktur (Alter, Schulabschluss, Wohn- und Arbeitsort, Nationalitäten etc.), gesellschaftlicher Konsens bzw. Dissens sowie gesellschaftliche Werte, Normen und fest gefügte Verhaltensweisen.
- **Technologische Komponente**: Diese umfasst die Bereiche der Prozess- (z.B. neue Fertigungstechnologien), Produkt- sowie Sozialinnovationen (etwa neue Lebensarbeitszeitkonzepte) und gilt als wesentlicher Faktor des wirtschaftlichen Wachstums.
- **Physische Komponente**, d.h. das klimatische, geographische und infrastrukturelle Umfeld, in dem ein Unternehmen agiert.
- **Politisch-rechtliche Komponente**: Dazu gehören die rechtlichen Regelungen und andere politische Entscheidungen, die den unternehmerischen Handlungsspielraum beschränken bzw. erweitern.

Zur **Mikro-Umwelt** rechnen sich alle Bereiche, die in einem wechselseitigen Einfluss zum Unternehmen stehen. Die sind:

- gewerbliche und private Abnehmer,
- Konkurrenten,
- Lieferanten,
- Absatzmittler (Groß- und Einzelhandel) sowie
- Absatzhelfer wie Speditionen, Banken, Versicherungen, Marktforschungsinstitute, Unternehmensberater, Werbeagenturen u.ä.

Im **Innenbereich** fällt der Marktforschung die Aufgabe zu, Informationen über andere Unternehmensfunktionen bzw. -bereiche zu gewinnen. Hierzu zählen im Falle eines Industrieunternehmens:

- F & E-Bereich (Forschung & Entwicklung)
- Beschaffung und Lagerhaltung

- Produktion
- Unternehmensinfrastruktur (Finanzen, Planung etc.)
- Personalwesen

4.3 Fremd- versus Eigenforschung

Bei der Entscheidung zwischen Eigen- und Fremdforschung stellt sich die Frage, ob ein Unternehmen eine Studie durch unternehmensinterne Organe (z.B. Marketingabteilung oder Stabsabteilung Marktforschung) und damit in Eigenregie durchführen oder den Auftrag an versierte Externe (Marktforschungsunternehmen, Werbeagenturen, Unternehmensberater) vergeben soll. Die jeweiligen Vorteile sind Abb. 17 zu entnehmen.

Abb. 17: Vorteile von Eigen- und Fremdforschung

Eigenforschung	Fremdforschung
• Vertrautheit mit der Problemstellung	• Keine Betriebsblindheit der Forschenden
• Größere Praxisrelevanz der Analyse	• Interessengefärbte Ergebnisse weniger wahrscheinlich, d.h. mehr Objektivität
• Bessere Einfluss- und Kontrollmöglichkeiten auf den Ablauf der Studie	• Einsatz von Spezialisten (z.B. bei Fragebogengestaltung, statistischer Auswertung der Daten)
• Weniger Kommunikationsprobleme	• Aktualität des Fachwissens
• ‚Job enrichment' für die beteiligten Mitarbeiter	
• 100% Diskretion	
• Kein ‚Brain drain' (Kenntnisse, Forschungserfahrungen und die aus erster Hand gewonnenen Informationen bleiben im eigenen Haus)	

4.4 Primär- versus Sekundärforschung

4.4.1 Überblick

Zur Erforschung der Märkte bieten sich grundsätzlich zwei Wege an: Entweder kann auf bereits vorhandenes Datenmaterial zurückgegriffen werden (sog. Sekundärforschung = Schreibtischforschung bzw. Desk Research), oder die entsprechenden Informationen müssen erst erhoben werden (sog. Primärforschung = **Feldforschung bzw. Field Research**).

Im Falle der **Schreibtischforschung** bilden die Finanzbuchhaltung (externes Rechnungswesen) sowie die Kosten- und Leistungsrechnung (internes Rechnungswesen) die Hauptquellen (vgl. im Folgenden auch Sand/Hörner 1981). Derartige Informationen müssen nicht selten durch Daten aus einzelnen betrieblichen Funktionsbereichen (etwa Vertriebs- und Marketingabteilungen oder Personalwesen) ergänzt werden. Konkret können dies sein:

- Außendienstinformationen
- Anfragen von Kunden
- Messeberichte
- Informationen aus eigenen Datenbanken (Data-Warehouses wie Kunden-, Produkt-, Auftrags-, Umsatz-, Adress- und Vertriebsdatenbanken)

Liegen über bestimmte Sachverhalte keine internen Informationen vor, muss man sich auf die Suche außerhalb des Unternehmens machen. Zahlreiche Daten können Unternehmen dabei selbst recherchieren. Hierzu zählen u.a. folgende **Quellen**:

- Fachzeitschriften und andere Publikationen
- Datenbanken
- Geschäftsberichte
- Kataloge
- Prospekte
- Preislisten
- Adressen
- Messekataloge

Andere Daten bezieht man am besten von Experten, die sich auf Marktforschung, die Erhebung von Brancheninformationen und / oder Betriebsvergleiche spezialisiert haben. Die Vor- und Nachteile der Sekundärforschung sind Abb. 18 zu entnehmen.

Liegen weder innerhalb noch außerhalb des Unternehmens entsprechende Informationen vor, müssen diese Daten erhoben werden (sog. Primär- bzw. Feldforschung). Hierfür bieten sich grundsätzlich drei Möglichkeiten:

- die Befragung (z.B. im Falle von Bekanntheitsgrad, Kundenzufriedenheit),
- die Beobachtung und
- das Experiment.

Abb. 18: Vor- und Nachteile der Sekundärforschung

Vorteile	Nachteile
• Zeitersparnis • Kostenersparnis	• Problemrelevante Daten u.U. nicht oder nur in zu stark aggregierter Form verfügbar • Systematische Erfassung und Auswertung von Sekundärdaten nur selten möglich • Sekundärinformationen zumeist nur qualitativer Natur • Auch Konkurrenten können auf externe Datenquellen zugreifen.

4.4.2 Befragung

Die am weitesten verbreitete Form der Feldforschung ist die Befragung, die sich in eine schriftliche, mündliche und telefonische Variante untergliedern lässt.

4.4.2.1 Schriftliche Befragung

Bei der schriftlichen Befragung wird ein Fragebogen entwickelt, der nach einem sog. Pretest (Vorabtest) an die Auskunftspersonen verteilt oder verschickt wird. Nachdem die Probanden den Fragebogen erhalten haben, füllen sie diesen eigenständig aus und schicken ihn an das betreffende Unternehmen oder ein eingebundenes Marktforschungsinstitut zurück. Eine vergleichsweise innovative Form der schriftlichen Befragung, die in Zukunft an Bedeutung gewinnen wird, repräsentiert die Datenerhebung via Internet.

Abb. 19: Vor- und Nachteile der schriftlichen Befragung

Vorteile	Nachteile

• Schnelle Auskunft von vielen Auskunftspersonen
 	
• Befragte haben ausreichend Zeit zum Nachdenken
 	
• Da keine Interviewer benötigt werden,
 	
  - ist die Befragung leichter zu organisieren,
 	
  - entfällt der Interviewer-Einfluss (= ‚Interviewer bias') – und damit (nahezu vollständig) die Gefahr sozial erwünschter Antworten,
 	
  - entstehen vergleichsweise geringe Kosten, was insbesondere in großen Befragungsgebieten zu Buche schlägt.
	• Die Teilnahmebereitschaft der Auskunftspersonen sinkt bei längeren Fragebogen bzw. bei heiklen Fragen (z.B. Einkommen).
	
	• Abfrage spontaner Antworten nicht möglich
	
	• Geringe Möglichkeit zur Stichprobenkontrolle (= keine Sicherheit, ob der Adressat selbst antwortet)
	
	• Tendenziell eher geringe Rücklaufquoten (u.a. abhängig vom Thema der Befragung)

4.4.2.2 Mündliche Befragung

Bei der mündlichen Befragung stehen sich Interviewer und Auskunftsperson unmittelbar gegenüber (sog. Face-to-Face-Interview). In Bezug auf die Erhebungssituation sind folgende **Spielarten** möglich:

- **Home-Befragung**: Der Interviewer sucht die Auskunftsperson zu Hause auf und führt dort die Befragung durch.
- **Office-Interview**: Die Auskunftsperson wird an ihrem Arbeitsplatz befragt. Diese Befragungsvariante empfiehlt sich bei gewerblichen Kunden und einer vergleichsweise hohen Hierarchiestufe der Ansprechpartner.
- **In-Hall-Befragung**: Die Erhebung wird in einem Testlokal durchgeführt, etwa einem angemieteten Raum in einem Einkaufszentrum.
- **Street-Interview**: Die Befragung wird an einer beispielsweise viel frequentierten Straßenkreuzung oder in einer Fußgängerzone durchgeführt.
- **Store-Interview**: Das Interview findet in der Einkaufsstätte statt.

Abb. 20: Vor- und Nachteile der mündlichen Befragung

Vorteile	Nachteile
• Die Auskunftsbereitschaft ist größer als bei der schriftlichen Befragung, u.a. weil der Interviewer psychologische Hemmschwellen und Zweifel der Befragten im direkten Gespräch ausräumen kann. • Kontrollierbare Gesprächssituation • Geringere Gefahr von Missverständnissen durch Rückfragen (sowohl Befragter als auch Interviewer)	• Vergleichsweise hohe Kosten • Tendenziell erhöhter Zeitaufwand • (Ungewollter) Einfluss des Interviewers auf den Befragten und damit Tendenz zu sozial erwünschten Antworten (= ‚Interviewer bias')

Hinsichtlich der **Befragungsstrategie** haben sich **zwei Methoden** etabliert:

- Beim **standardisierten Interview** sind Inhalt und Reihenfolge der Fragen genau festgelegt.
- Beim **freien Interview** liegen Formulierung und Reihenfolge der Fragen sowie das Hinzufügen von Erläuterungen weitgehend im Ermessensspielraum des Interviewers.

Des weitern lassen sich **Einzel-** und **Gruppenbefragungen** unterscheiden.

4.4.2.3 Telefonische Befragung

Die telefonische Befragung eignet sich immer dann, wenn nur wenige, leicht zu beantwortende Fragen gestellt werden, in deren Mittelpunkt eher Fakten denn die persönliche Sphäre des Befragten stehen. Dabei ist jedoch die zunehmende Skepsis der Bevölkerung gegenüber telefonischer Befragung zu berücksichtigen, da zahlreiche Direktvertreiber via Telefon vermeintliche Marktforschungsfragen als Einstieg in ein Verkaufsgespräch nutzen.

Bei telefonischen Befragungen findet seit geraumer Zeit der Computer Anwendung (sog. **CATI = Computer Aided Telephone Interviewing**). Mittels Software können so Stichprobenauswahl, Instruktionen für den Interviewer sowie die Dokumentation der Antworten via Bildschirm gesteuert werden.

Computer können grundsätzlich auch für die schriftliche und persönliche Befragung genutzt werden, wobei grundsätzlich **zwei Varianten** zu unterscheiden sind:

- **CAPI (= Computer Assisted Personal Interviewing)**: Eingabe durch Interviewer
- **CSAQ (= Computerized Selfadministered Questioning)**: Eingabe durch die Auskunftsperson

Zusammenfassend sind die Formen der Befragung in Abb. 21 aufgeführt:

Abb. 21: Die Formen der Befragung im Überblick

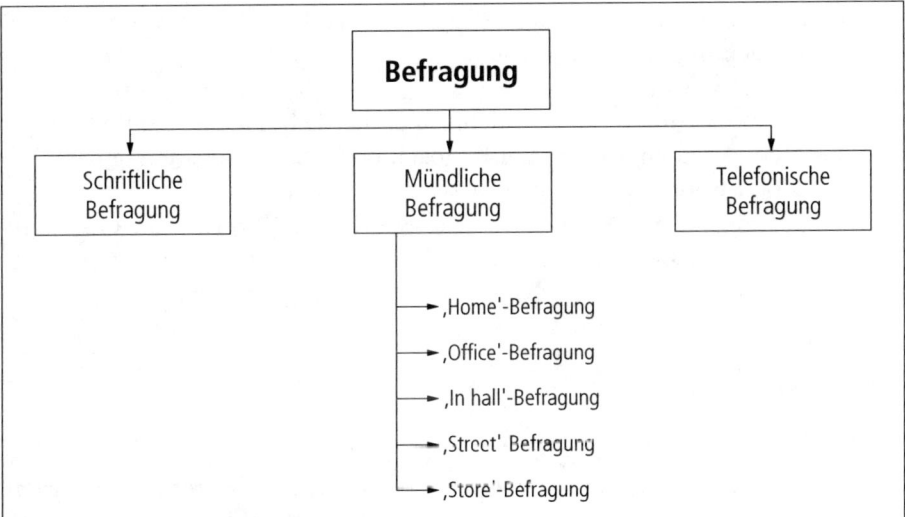

4.4.3 Beobachtung

Die Beobachtung ist gekennzeichnet durch eine systematische Erfassung von sinnlich wahrnehmbaren Verhaltensweisen bzw. Eigenschaften von Personen im Augenblick ihres Auftretens durch den Beobachter (vgl. im Folgenden Böhler 1982, S. 92 - 96; Hüttner 1999, S. 158 - 167; Meffert 1992, S. 198 - 200; Bruhn 2001, S. 103 - 105; Meffert 2000, S. 154 - 155; Nieschlag/Dichtl/Hörschgen 2002, S. 451 - 453). Grundsätzlich lassen sich Labor- und Feldbeobachtung unterscheiden.

Weit verbreitet ist die sog. **Kundenbeobachtung**, bei der die Kunden beim Einkaufsvorgang beobachtet werden, ohne dass diese das bemerken. Hierbei handelt es sich um eine Beobachtung im Feld (= reales Handelsunternehmen), die in der Regel standardisiert (= anhand eines Fragebogens bzw. eines Lageplans) und persönlich (= durch einen Beobachter) durchgeführt wird. Denkbar wäre hier auch die apparative Beobachtung mittels einer Kamera.

Der wesentliche **Vorteil** der Beobachtung liegt darin, dass man im Gegensatz zur Befragung nicht auf die Mitarbeit der Probanden angewiesen ist. Daneben lassen sich bestimmte Sachverhalte durch den Einsatz apparativer Verfahren mit vergleichsweise großer Genauigkeit erfassen (z.B. Verhalten des Kunden am Point-of-Sale). Als **Nachteile** sind anzuführen:
- Komplexere psychische Prozesse, die beim Verbraucher ablaufen, sind einer Beobachtung nicht zugänglich.
- Bei bestimmten Fragestellungen treten Repräsentativitätsprobleme auf. Diese können auf (zu) kleine Stichproben bei Laborversuchen oder unterschiedliche Kundengruppen bei Beobachtungen in Geschäften je nach Tages-, Wochen- und Jahreszeit zurückzuführen sein.
- Im Falle einer offenen Beobachtung, bei der ein Proband im Gegensatz zur verdeckten Beobachtung weiß, dass er beobachtet wir, verändert er u.U. sein ursprüngliches Verhalten (sog. Beobachtungseffekt).

4.4.4 Experiment

4.4.4.1 Grundstruktur

Als Experiment bezeichnet man eine wiederholbare und unter kontrollierten, vorher festgelegten Umweltbedingungen durchgeführte Untersuchung. (vgl., auch im Folgenden, Böhler 1982, S. 33 - 53; Meffert 1992, S. 206 - 212; Bruhn 2001, S. 105 - 108; Meffert 2000, S. 158 - 161). In der Marktforschung soll mit Hilfe von Experimenten geklärt werden, ob und inwieweit der Einsatz oder die Variation von Marketingvariablen (= unabhängige Variablen; etwa Produkt, Verpackung, Preis, Vertriebsweg, Werbung) einer Veränderung der anvisierten Zielgröße (= abhängige Variable; etwa Kundenzufriedenheit, Umsatz, Marktanteil) bewirkt. Je nach Problemstellung kann die Messung durch Befragung oder Beobachtung erfolgen, wobei bei Experimenten häufig beide Verfahren miteinander kombiniert werden.

4.4.4.2 Arten von Experimenten

4.4.4.2.1 Feldexperimente

Experimente lassen sich nach den Bedingungen, unter denen sie durchgeführt werden, in Feld- und Laborexperimente unterscheiden. Feldexperimente, die in realem Umfeld durchgeführt werden, zeichnen sich durch eine höhere Wirklichkeitsnähe und damit durch eine im Vergleich zum Laborexperiment höhere externe Validität (= Generalisierbarkeit der Befunde auf andere Zielgruppen, Situationen und Zeiträume) aus. Nachteilig sind die erheblichen Kosten sowie die u.U. geringe interne Validität (= Eindeutigkeit der Messung im Experiment), die auf den Einfluss von Störgrößen zurückzuführen ist.

Als **Formen** des Feldexperiments sind zu nennen:

- **Storetests**: Hierunter versteht man den (probeweisen) Verkauf von neuen, modifizierten oder variierten Produkten unter kontrollierten Bedingungen in einer Reihe ausgewählter Handelsgeschäfte.
- **Markttests**: Hierunter fasst man den (probeweisen) Verkauf von neuen, modifizierten oder variierten Produkten unter kontrollierten Bedingungen in einem räumlich abgegrenzten Markt unter Einsatz ausgewählter oder sämtlicher Marketing-Instrumente.

4.4.4.2.2 Laborexperimente

Laborexperimente werden unter künstlichen Bedingungen durchgeführt und sollen Teilaspekte der Realität simulieren. Sie verfügen im Vergleich zu Feldexperimenten über eine höhere interne Validität, da sie etwaige Störeinflüsse weitgehend ausschalten. Als Nachteile sind die höhere Realitätsferne, die sich negativ auf die externe Validität auswirkt, sowie die Beeinflussung der Probanden durch die Testsituation zu nennen.

4.4.5 Spezialformen

4.4.5.1 Panels

Panels sind Erhebungen, die bei einem konstanten Teilnehmerkreis (Personen, Einkaufsstätten, Unternehmen) in (regelmäßigen) zeitlichen Abständen zu einem gleichen Untersuchungsgegenstand durchgeführt werden. Hierbei existieren verschiedene Varianten (vgl. im Folgenden Meffert 1992, S. 213 - 220; Günther/Vossebein/Wildner 1998).

Beim **Haushaltspanel**, der häufigsten Variante, bildet ein Haushalt die zu untersuchende Einheit, wobei der Erwerb sowohl von Verbrauchs- als auch von Gebrauchsgütern analysiert werden kann. Die Stärke des Haushaltspanels liegt in der kontinuierlichen Beobachtung des Marktes in systematischer Form. Dadurch werden Verhaltensweisen der Verbraucher transparent und nach einer hinreichend langen Zeit können sich Trends abzeichnen. Als Schwächen sind zunächst die hohen Kosten (zwischen 15.000 und 100.000 Euro pro Warengruppe und Jahr) zu nennen. Des Weiteren bestehen Zweifel an der Repräsentativität des Haushaltspanels, da schwer festzustellen ist, inwieweit von einer getreuen Abbildung sämtlicher deutschen Haushalte gesprochen werden kann. Hinzu kommen ein häufiger Wechsel der Probanden infolge von Ortswechsel und Austritt aufgrund mangelnder Teilnahmebereitschaft (sog. Panelsterblichkeit) sowie lückenhafte oder fehlerhafte Angaben der Panelteilnehmer. Eine Facette des zuletzt genannten Problems stellt das sog. Overreporting da: Hier übertreiben die Panelteilnehmer bei der Angabe ihrer Konsumausgaben aus Gründen von Sozialprestige. Schließlich konnte eine im Zeitablauf zunehmende Veränderung des ursprünglichen Verbraucherverhaltens infolge der Dokumentation der eigenen Konsumausgaben festgestellt werden (sog. Paneleffekt).

Bei einem weiteren Vertreter, den **Handelspanels**, lassen sich Groß- und Einzelhandelspanel unterscheiden, wobei letztere die häufigsten Vertreter dieser Spezies sind. Ähnlich wie beim Haushaltspanel werden auch hier regelmäßig Daten (in zweimonatigem Rhythmus) erhoben. Die Datenerhebung geschieht durch Besuche speziell ausgebildeter Mitarbeiter bei den Handelsunternehmen, die am Panel teilnehmen. Sie führen bei ihrem Besuch eine relativ aufwendige Inventur durch.

4.4.5.2 Scanning

Schließlich ist das Scanning als spezielle Form der Datengewinnung zu nennen (vgl. Meffert 1992, S. 226; Zentes 2001, S. 1508). Hierunter versteht man Verkaufsdatensysteme auf Basis von elektronischen Kassenterminals und

Scannern am Point-of-Sale. Als Grundlage hierfür dient der sog. **EAN-Code** (EAN = Europäische Artikel Nummerierung), der auf jedem Artikel als Strichcode angebracht ist. Lesen und Registrieren dieses Codes erfolgen mittels eines Laserstrahls. Den auf diese Weise identifizierten Produkten werden dann die entsprechenden Verkaufspreise zugeordnet. Die mit Hilfe des Scanning gewonnenen Informationen können u.a. als Grundlage für Marketingentscheidungen herangezogen werden.

4.5 Prognose

Eine Prognose ist eine auf Erfahrung bzw. Beobachtungen oder theoretischen Erkenntnissen beruhende Aussage über künftige Ereignisse. Man unterscheidet zwischen Entwicklungsprognose, bei der eine Zeitreihe in die Zukunft verlängert wird, ohne dass die Unternehmung den zu prognostizierenden Sachverhalt beeinflussen könnte oder wollte (z.B. die Entwicklung der Einwohnerzahl im Absatzgebiet), und Wirkungsprognose, bei der die voraussichtliche Konsequenz einer getroffenen Maßnahme ermittelt wird (z.B. Erfolg von Produktinnovation, neuer Verpackung, Werbekampagne; vgl. Nieschlag/Dichtl/Hörschgen 2002, S. 537 - 554).

Des Weiteren lassen sich quantitative und **qualitative Prognoseverfahren** differenzieren (vgl. im Folgenden Meffert 1992, S. 333 - 366). Quantitative Verfahren basieren auf mathematischen Kalkülen und zielen auf eine numerische Ermittlung der zu prognostizierenden Größen ab. Wichtige Vertreter sind:

- **Trendextrapolation**
  Hier wird die langfristige Entwicklungsrichtung einer Zeitreihe (= Trend) über den Beobachtungszeitraum hinaus als unverändert gültig erachtet und fortgeschrieben. Stieg beispielsweise der Absatz eines Produktes in den vergangenen zehn Jahren um durchschnittlich 4 % p.a., so wird sich dies auch in der Zukunft fortsetzen.

- **Exponentielle Glättung**
  Im Gegensatz zur Trendextrapolation wird bei diesem Verfahren ein Gewichtungsfaktor verwendet. Auf diese Weise wird der Einfluss jüngerer Beobachtungswerte für die Vorhersage relativ stärker berücksichtigt als der Einfluss weiter zurückliegender Werte. Dadurch trägt man der evolutionären Entwicklung des Marktgeschehens Rechnung.

Qualitative Verfahren liefern auf der Basis von Erfahrung und Intuition Zukunftseinschätzungen. Hierzu zählen:

- **Szenario-Technik**

  Dieses Verfahren zielt darauf ab, in sich konsistente Zukunftsbilder (= Szenarien) zu entwickeln (vgl. von Reibnitz 1987). Auf der Basis der gegenwärtigen Situation wird versucht, den Endzustand des Prognosegegenstandes unter verschiedenartigen Rahmenbedingungen zu antizipieren und davon ausgehend mögliche Auswirkungen auf das Untersuchungsfeld abzuleiten. Beispielsweise wird versucht vorauszusagen, wie sich der Absatz von Pkws im Falle unterschiedlicher Kraftstoffpreise im nächsten Jahr entwickeln wird (etwa Preis für 1 Liter Superbenzin: Szenario 1 = 1,10 Euro, Szenario 2 = 1,50 Euro, Szenario 3 = 2 Euro).

- **Delphi-Methode**

  Hierbei handelt es sich um ein qualitatives Prognoseverfahren auf der Basis von Expertenbefragungen, bei dem die jeweiligen Antworten der Befragten ausgewertet, aggregiert und den Betroffenen in anonymer, meist gebündelter Form zurück übermittelt werden. Dieser Vorgang wird mit einer gegebenenfalls präzisierten Fragestellung im Regelfall mehrfach wiederholt, um auf diese Weise ein Gruppenurteil zu dem interessierenden Sachverhalt zu erhalten (vgl. Nieschlag/Dichtl/Hörschgen 2002, S. 160).

4.6 Kontrollaufgaben

Aufgabe 4.1: Typen von Studien

Füllen Sie die Lücken im Text mit den entsprechenden Begriffen aus.

- .... dienen dazu, ein Problem zu erkennen und zu strukturieren.

- .... sollen ein Problem systematisch erfassen und beschreiben.

- .... unterstützen darin, Ursache/Wirkungsbeziehungen zu erkennen.

- .... dienen der Entwicklung von Gestaltungsempfehlungen.

Aufgabe 4.2: Mikro- versus Makro-Umwelt

Markieren Sie, ob die folgenden Aussagen richtig oder falsch sind!

Die Kunden gehören zur Mikro-Umwelt des Unternehmens.

Richtig ☐   Falsch ☐

Die Konkurrenten gehören zur Makro-Umwelt des Unternehmens.

Richtig ☐   Falsch ☐

Rahmenbedingungen wie Konjunktur, langfristiges Wachstum und Volksein-kommen zählen zur sozio-kulturellen Komponente der Unternehmensum-welt.

Richtig ☐   Falsch ☐

Wenn Unternehmen ihre Makro-Umwelt berücksichtigen, beziehen sie auch die physische und die politisch-rechtliche Umwelt ein.

Richtig ☐   Falsch ☐

Die Makroumwelt setzt sich aus allen Bereichen zusammen, die zwar den Erfolg eines Unternehmens tangieren, von diesem selbst aber nicht oder nur in ver-nachlässigbarem Ausmaß beeinflusst werden können. Richtig ☐   Falsch ☐

Die technologische Komponente der Makro-Umwelt umfasst die Bereiche der Prozess-, Produkt- und Sozialinnovationen.

Richtig ☐   Falsch ☐

Zur Mikro-Umwelt eines Unternehmens gehören die Absatzhelfer, nicht aber die Absatzmittler.

Richtig ☐   Falsch ☐

Aufgabe 4.3: Fremd- versus Eigenforschung

Markieren Sie, ob die folgenden Aussagen richtig oder falsch sind!

Eigenforschung ist grundsätzlich kostengünstiger als Fremdforschung.

Richtig ☐   Falsch ☐

Für die Fremdforschung sprechen die größere Vertrautheit mit dem Problem sowie die höhere Diskretion über die Untersuchungsergebnisse.

Richtig ☐   Falsch ☐

Für die Eigenforschung spricht der uneingeschränkte Verbleib der Kenntnisse, Forschungserfahrungen und Erste-Hand-Erfahrungen im eigenen Haus.

Richtig ☐   Falsch ☐

Eigenforschung empfiehlt sich insbesondere bei der Ermittlung von Primärdaten.

Richtig ☐   Falsch ☐

Bei der Eigenforschung verfügt die Geschäftsführung über größere Möglichkei-ten, den Ablauf der Untersuchung zu beeinflussen und zu kontrollieren.

Richtig ☐   Falsch ☐

Die Einbindung in ein Forschungsprojekt bietet die Chance, den Mitarbeitern ein Job-Enrichment zu vermitteln.

Richtig ☐   Falsch ☐

Für die Fremdforschung sprechen die Möglichkeit, Betriebsblindheit der For-schenden zu vermeiden und aktuelles Fachwissen zu nutzen.

Richtig ☐   Falsch ☐

Wenn die Erforschung des Marktes von Marktforschungsinstituten durchgeführt wird, müssen die Auswertung und Vorbereitung zur Entscheidungsfindung nicht mehr durch innerbetriebliche Stellen begleitet werden.

Richtig □   Falsch □

Aufgabe 4.4: Primär- versus Sekundärforschung

Markieren Sie, ob die folgenden Aussagen richtig oder falsch sind!

Im Zuge der Primärforschung stehen hauptsächlich Befragung und Desk Research zur Verfügung. Richtig □   Falsch □

Field Research bedeutet, Daten nochmals auszuwerten, die zuvor bereits für einen ähnlichen Zweck in einem Versuchsfeld erhoben wurden.

Richtig □   Falsch □

Die Befragung ist im Marketing ein im Vergleich zu anderen Erhebungsmethoden unbedeutendes Verfahren zur Informationsgewinnung.

Richtig □   Falsch □

Im Zuge der Primärforschung wird auf bereits vorhandenes Datenmaterial zurückgegriffen. Richtig □   Falsch □

Als Vorteile der Sekundärforschung gelten die damit verbundene Zeit- und Kostenersparnis. Richtig □   Falsch □

Ein Nachteil der Sekundärforschung liegt darin, dass die problemrelevanten Daten u.U. nicht oder nur in zu stark aggregierter Form verfügbar sind.

Richtig □   Falsch □

Sekundärinformationen sind zumeist quantitativer Natur. Richtig □   Falsch □

Im Zuge der Primärforschung stellt sich das Problem, dass auch Konkurrenten auf externe Datenquellen zugreifen können. Richtig □   Falsch □

Aufgabe 4.5: Befragung

Markieren Sie, ob die folgenden Aussagen richtig oder falsch sind!

Die am weitesten verbreitete Form der Feldforschung ist die Befragung.

Richtig □   Falsch □

Als Vorteile offener Fragen sind das Aufspüren neuer Aspekte sowie keine Verzerrung der Antworten durch vorgegebene Antwortkategorien zu nennen.

Richtig □   Falsch □

Bei geschlossenen Fragen erschwert die Vielzahl an Antworten die Auswertung der Daten. Richtig □   Falsch □

Als Vorteil der mündlichen Befragung ist u.a. zu nennen, dass der Befragte ausreichend Zeit zum Nachdenken hat. Richtig □   Falsch □

Bei der schriftlichen Befragung entsteht kein Interviewer-Einfluss.

Richtig ☐   Falsch ☐

Schriftliche Befragungen haben meist relativ geringe Rücklaufquoten (abhängig vom Interesse am Befragungsgegenstand).   Richtig ☐   Falsch ☐

Bei der In-Hall-Befragung sucht der Interviewer die Auskunftsperson zu Hause auf und führt dort die Befragung durch.   Richtig ☐   Falsch ☐

Bei der mündlichen Befragung ist die Auskunftsbereitschaft größer als bei der schriftlichen Befragung, nicht zuletzt deshalb, weil der Interviewer psychologische Hemmschwellen und Zweifel der Befragten im direkten Gespräch ausräumen kann.   Richtig ☐   Falsch ☐

Als Nachteile der mündlichen Befragung gelten der hohe Kosten- und Zeitaufwand sowie die Gefahr eines Interviewer-Bias.   Richtig ☐   Falsch ☐

Das standardisierte Interview eignet sich insbesondere für die Befragung von Experten sowie Vertretern höherer Hierarchieebenen. Richtig ☐   Falsch ☐

Beim freien Interview liegen Formulierung und Reihenfolge der Fragen sowie das Hinzufügen von Erläuterungen weitgehend im Ermessensspielraum des Interviewers.   Richtig ☐   Falsch ☐

Die telefonische Befragung eignet sich immer dann, wenn nur wenige, leicht zu beantwortende Fragen gestellt werden, in deren Mittelpunkt eher Fakten denn die persönliche Sphäre des Befragten stehen.   Richtig ☐   Falsch ☐

Aufgabe 4.6: Beobachtung und Experiment

Markieren Sie, ob die folgenden Aussagen richtig oder falsch sind!

Ein wesentlicher Vorteil der Beobachtung liegt darin, dass man im Gegensatz zur Befragung nicht auf die Mitarbeit der Probanden angewiesen ist.

Richtig ☐   Falsch ☐

Bei der Kundenbeobachtung handelt es sich um eine Laborbeobachtung.

Richtig ☐   Falsch ☐

Unter Markttest versteht man den (probeweisen) Verkauf von neuen, modifizierten oder variierten Produkten unter kontrollierten Bedingungen in einer Reihe ausgewählter Handelsgeschäfte.   Richtig ☐   Falsch ☐

Experimente messen lediglich kurzfristige Wirkungen. Langfristige Konsequenzen, die über den Zeitpunkt bzw. –raum des Experiments hinausreichen, werden nicht erfasst.   Richtig ☐   Falsch ☐

Panels sind Erhebungen, die bei einem konstanten Teilnehmerkreis (Personen, Einkaufsstätten, Unternehmen) in (regelmäßigen) zeitlichen Abständen zu einem gleichen Untersuchungsgegenstand durchgeführt werden.

Richtig ☐   Falsch ☐

Beim Haushaltspanel bildet ein Haushalt die zu untersuchende Einheit, wobei der Erweb von Verbrauchs-, nicht aber von Gebrauchsgütern analysiert werden kann.   Richtig ☐   Falsch ☐

Im Gegensatz zum Haushaltspanel setzt das Individualpanel beim einzelnen Verbraucher an.   Richtig ☐   Falsch ☐

Underreporting bezeichnet das in Haushaltspanels zu beobachtende Phänomen des häufigen Teilnehmerwechsels infolge von Ortswechsel und Austritt aufgrund mangelnder Teilnahmebereitschaft.   Richtig ☐   Falsch ☐

Paneleffekt bezeichnet das in Haushaltspanels auftretende Phänomen, dass sich im Zeitablauf das ursprüngliche Verbraucherverhalten infolge der Dokumentation der eigenen Konsumausgaben zunehmend verändert.

Richtig ☐   Falsch ☐

Aufgabe 4.7: Prognose

Markieren Sie, ob die folgenden Aussagen richtig oder falsch sind!

Bei der Entwicklungsprognose wird eine Zeitreihe in die Zukunft verlängert, ohne dass die Unternehmung den zu prognostizierenden Sachverhalt (z.B. die Entwicklung der Einwohnerzahl im Absatzgebiet) beeinflussen könnte oder wollte.   Richtig ☐   Falsch ☐

Quantitative Verfahren basieren auf mathematischen Kalkülen und zielen auf eine numerische Ermittlung der zu prognostizierenden Größen ab.

Richtig ☐   Falsch ☐

Bei der Trendextrapolation wird ein Gewichtungsfaktor verwendet. Auf diese Weise wird der Einfluss jüngerer Beobachtungswerte für die Vorhersage relativ stärker berücksichtigt als der Einfluss weiter zurückliegender Werte.

Richtig ☐   Falsch ☐

Bei der Delphi-Methode handelt es sich um ein quantitatives Prognoseverfahren auf der Basis von Expertenbefragungen, bei dem die jeweiligen Antworten der Befragten ausgewertet, aggregiert und den Betroffenen in anonymer, meist gebündelter Form zurück übermittelt werden.   Richtig ☐   Falsch ☐

5 Marketing-Strategien

| Lernziele | Dieses Kapitel vermittelt: |

- was man unter einer Strategie versteht und welche Aufgaben einer solchen zufallen,
- welche Strategieoptionen sich bieten,
- durch welche Charakteristika sich die einzelnen Strategien auszeichnen,
- welche Vor- und Nachteile die jeweilige Strategie aufweist und
- wie man die einzelnen Strategien in eine Strategie-Box integriert.

5.1 Begriff und Aufgaben

Der Begriff Strategie stammt aus dem Griechischen und fügt sich zusammen aus stratos = Heer, Gruppe, Streitmacht und igoume = führen, treiben, leiten. Strategie im ursprünglichen Sinne bedeutet demnach die Planung und Durchführung von Feldzügen. Übertragen auf Unternehmen kann man sagen: Eine Strategie

- ist die Festlegung eines langfristig ausgerichteten Verhaltensplans.
- gibt die Route vor, auf der Unternehmen mit Hilfe des Marketing-Mix (= Beförderungsmittel) ihre Ziele (= Wunschort) erreichen wollen.

Grundsätzlich können **zwei Arten** von Marketing-Strategien unterschieden werden:

- Fokussiert sich eine Strategie auf einen bestimmten Bereich des Marketing-Mix (etwa Wahl eines Kommunikationsstils), bezeichnet man diese als **Instrumentalstrategie**. Deren jeweilige Ausprägungen werden konsequenterweise in den entsprechenden Abschnitten zum Marketing-Mix behandelt.
- Im Gegensatz hierzu kombinieren **Basisstrategien** verschiedene Instrumente und Maßnahmen des Marketing.

Je nach Adressat lassen sich folgende Formen von Basisstrategien unterscheiden (vgl. Abb. 22):

- Kundenorientierte Strategien
- Konkurrenzorientierte Strategien
- Unternehmensübergreifende Strategien

Abb. 22: Marketing-Strategien im Überblick

5.2 Kundenorientierte Strategien

5.2.1 Marktfeldstrategien

Die Marktfeldstrategie fixiert, welche (gegenwärtigen bzw. neuen) Produkte ein Unternehmen auf welchen (gegenwärtigen bzw. neuen) Märkten anbieten wird, um Wachstum zu erzielen. Anhand der von Ansoff (1966), der als Vater des unternehmerischen Strategiebegriffs gilt, entwickelten **Produkt-Markt-Matrix** lassen sich **vier Wachstumsstrategien** unterscheiden (vgl. Abb. 23).

Im Zuge der **Marktdurchdringung** strebt ein Unternehmen an, ein bereits bestehendes Produkt auf einem angestammten Markt häufiger abzusetzen. Dies geschieht durch eine Intensivierung der Marketingbemühungen, die darauf abzielen,:

- Nicht-Käufer in Käufer umzuwandeln, indem diese von den Vorteilen des jeweiligen Produkts überzeugt werden.
- Kunden der Konkurrenz abzuwerben.

Des Weiteren lässt sich das Marktvolumen durch eine Steigerung der Nutzungsintensität bei bisherigen Kunden vergrößern. Dies kann u.a. erreicht werden durch:

- Senkung des Preises,
- Vergrößerung der Packungseinheiten,
- frühzeitige Veralterung der Produkte sowie
- Aufzeigen neuer Einsatzmöglichkeiten für das Produkt.

Abb. 23: Die Marktfeldstrategien im Überblick

		Märkte	
		gegenwärtig	neu
Produkte	gegenwärtig	(1) Marktdurchdringung	(2) Marktentwicklung
	neu	(3) Produktentwicklung	(4) Diversifikation

Bei der **Marktentwicklung** bietet ein Unternehmen ein bestehendes Produkt auf einem neuen Markt an. Hierbei kann es sich zum einen um die Ansprache neuer Zielgruppen im derzeitigen Absatzgebiet handeln. Dies wäre der Fall, wenn die Restaurantkette McDonald´s das Catering für die Reisenden bei der Deutschen Bundesbahn übernehmen würde. Zum anderen bietet sich die Möglichkeit, im Zuge einer Internationalisierung geographisch neue Märkte zu erschließen, um auf diese Weise den Sättigungstendenzen im heimischen Absatzgebiet zu entgehen.

Die **Produktentwicklung** zeichnet sich dadurch aus, dass ein Unternehmen ein neues Produkt auf einem angestammten Markt offeriert. Hierbei bieten sich zwei Optionen:

- Bei der **Produktmodifikation** wird ein vorhandenes Produkt verändert, wobei zwei Spielarten unterschieden werden. Bei der **Produktvariation** wird ein Produkt im Zeitablauf verändert und damit das bisherige Erzeugnis ersetzt. Typische Beispiele sind „Das neue Persil mit optimierter Wirkformel" oder die regelmäßig erneuerten Modellreihen des Golf (Golf I, II, III und IV). Im Falle der **Produktdifferenzierung** hingegen bleibt die Ausgangsvariante auch weiterhin bestehen und es werden eine oder mehre-

re veränderte Versionen zusätzlich angeboten So offeriert Coca Cola u.a.
Coca Cola light, Coca Cola koffeinfrei und Coca Cola Zero.

- Bei der **Produktinnovation** handelt es sich um die Entwicklung eines
  neuen Erzeugnisses. Im Falle einer Marktneuheit besteht diese aus einer
  bislang für alle Marktteilnehmer unbekannten Problemlösung. Eine Be-
  triebsneuheit hingegen ist zwar für das Unternehmen neu, existiert aber in
  ähnlicher Form bereits auf dem Markt.

Fallstudie	Innovation – die Ewigkeitsglühlampe

Die Ewigkeitsglühbirne ist eine von dem deutschen Erfinder Dieter Binninger entwickelte quecksilberhaltige Glühlampe mit einer (angeblichen) Lebensdauer von
150.000 Stunden. Da die von ihm 1976 im Auftrag des Berliner Senats entwickelte
Mengenlehruhr mit hunderten von normalen Glühbirnen einen zu hohen War-
tungsaufwand erforderte, erfand Binninger eine neue Glühlampe. Es dauerte von
1979 bis 1984, bis er seine Entwicklung als Patent anmelden konnte, da die großen
Konzerne die Innovation auf juristischem Wege torpedierten. Denn seit 1924 exis-
tierte das sog. internationale Glühlampenkartell: Darin hatten Unternehmen wie
Osram/Siemens (Deutschland), General Electrics (USA) und Associated Electrical
Industries (Großbritannien) die Weltmärkte untereinander aufgeteilt und festgelegt,
wie lange eine Glühbirne halten soll. Seit dem Zweiten Weltkrieg darf eine Stan-
dardlampe nicht länger als 1.000 Stunden brennen. In der Sowjetunion und Un-
garn hingegen gab es immer Birnen mit einer längeren Lebensdauer, eine chinesische Birne brennt heute noch 5.000 Stunden.

Technisch und ökonomisch war die Ewigkeitsglühbirne eine konkurrenzlose Leistung, aber der Erfinder selbst konnte daraus nie Kapital schlagen. Noch bevor er
in der Nachwendezeit überraschend den Zuschlag der Treuhand bekam und seine
Glühbirne in den maroden Narva-Werken in der ehemaligen DDR produzieren
konnte, kam er bei einem Flugzeugunglück ums Leben. In den neuen Bundesländern werden mittlerweile keine Glühbirnen mehr produziert. Bis heute hat eine
Standard-Glühbirne in der Bundesrepublik Deutschland eine durchschnittliche Lebensdauer von ca. 1.000 Stunden.

Quelle: Lehmann, S.: Patent lebt, in: Berlin – das Magazin der Hauptstadt, Nr. 1,
Dezember 2004, S. 18 – 19.

Im Zuge der **Diversifikation** werden neue Produkte auf neuen Märkten angeboten. Hierbei eröffnen sich **drei Möglichkeiten**:

- Bei der **horizontalen Diversifikation** erweitert ein Unternehmen das
  Leistungsspektrum auf der gleichen Wirtschaftsstufe durch verwandte Produkte. Ein solcher Fall liegt vor, wenn eine Brauerei ihr Angebot um alkoholfreie Getränke erweitert.

- Im Zuge einer **vertikalen Diversifikation** wird das Leistungsangebot auf vor- bzw. nachgelagerte Wertschöpfungsstufen ausgedehnt. Erwirbt beispielsweise ein Hersteller einen Zulieferbetrieb, spricht man von Rückwärtsintegration. Gründet er hingegen ein Factory Outlet, handelt es sich um eine Form der Vorwärtsintegration.
- Bei der **lateralen Diversifikation** schließlich besteht keinerlei Beziehung zum bisherigen Leistungsangebot. Dies ist beispielsweise der Fall, wenn ein Röhrenhersteller nunmehr auch im Telekommunikationssektor aktiv wird.

Für eine Diversifikation sprechen u.a. folgende **Gründe**:
- Ausbrechen aus stagnierenden Märkten
- Auslastung vorhandener Kapazität
- Erzielung eines synergetischen Effektes
- Streben nach Absicherung von Zulieferungen oder Absatzmöglichkeiten
- Erhöhung der Wertschöpfung
- Risikostreuung

Für die Produkt-Markt-Matrix von Ansoff sprechen deren Einfachheit und Plausibilität sowie die Möglichkeit, unmittelbare Handlungsanweisungen abzuleiten. Die Grenzen dieses Ansatzes finden sich in dem zugrunde liegenden situativen Kontext: Während in den sechziger Jahren nahezu alle Branchen hohe Wachstumsraten verzeichneten, stellt dies heutzutage eher einen Ausnahmefall dar (vgl. Froböse/Kaapke 2000, S. 148 - 149).

5.2.2 Marktstimulierungsstrategien

Das Konzept der Marktstimulierungsstrategien wurde von **Michael E. Porter** (1999b) begründet und von **Gilbert/Strebel** (1985) modifiziert (vgl. im Folgenden des Weiteren Becker 2001, S. 153 - 216; Kotler/Bliemel 1999, S. 744 - 748). Das Konzept basiert auf der Überlegung, dass sich jedes Produkt anhand von Leistung und Preis in einem zweidimensionalen Raum positionieren lässt (vgl. Abb. 24). Wegen der wachsenden Konkurrenz und der Vielzahl an Produkten gestaltet sich die **Mittellagenstrategie** (sog. ,**Stuck in the middle'-Position**) in vielen Produktmärkten als problematisch, da sich die dort positionierten Produkte weder durch eine hervorragende Leistung noch durch einen besonders günstigen Preis auszeichnen.

Abb. 24: Optionen von Marktstimulierungsstrategien vor dem Hintergrund des „Stuck-in-the-Middle"-Phänomens

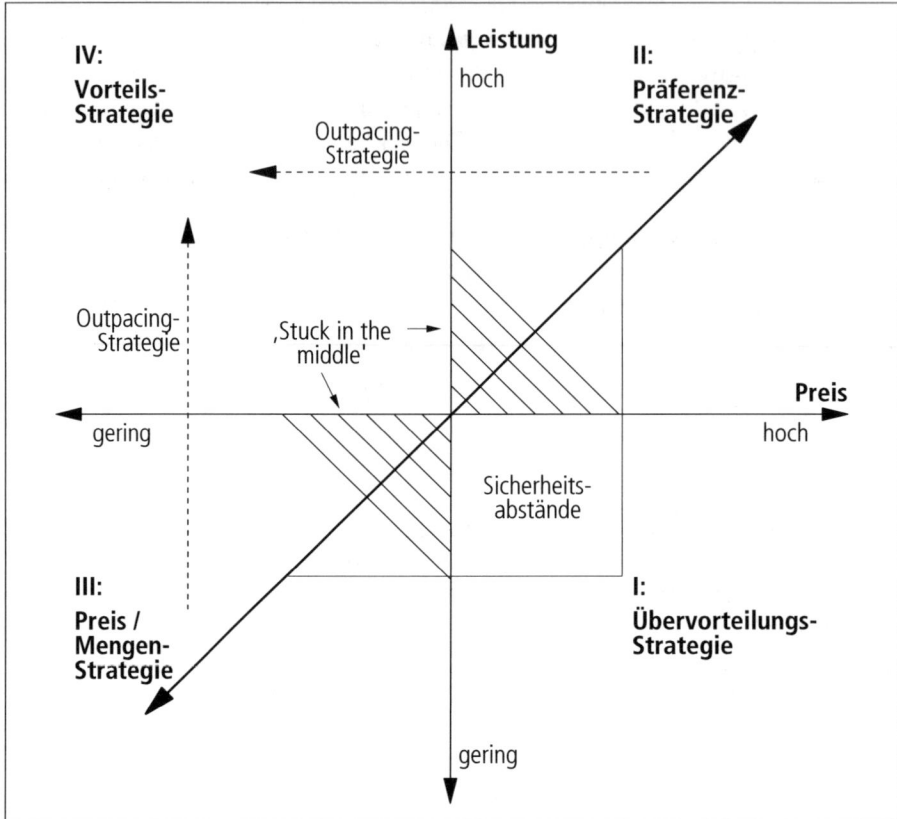

Um der Gefahr zu entgehen, dass ein Produkt „zwischen den Stühlen sitzt" und deshalb im „Bermuda-Dreieck der Markenführung" untergeht, gilt es, dieses neu zu positionieren. Hierfür stehen grundsätzlich **vier Optionen** zur Verfügung:

- Option I: **Übervorteilungs-Strategie**
  Hier wird dem Kunden ein minderwertiges Produkt angeboten, dessen hoher Preis dem Kunden eine vermeintlich hohe Qualität signalisieren soll (sog. Qualitätsbezogenheit der Preisinformation). Allerdings ist davon auszugehen, dass der Kunde schnell bemerkt, dass er übervorteilt wird. Eine solche Strategie macht nur Sinn, wenn ein Unternehmen entweder eine Monopolstellung innehat oder seinen Marktanteil reduzieren bzw. einen Markt verlassen will.

- Option II: **Präferenz-Strategie**
  Hier wird das Produkt hochwertig positioniert, d.h. für eine herausragende Leistung wird ein hoher Preis verlangt. Dazu muss ein Unternehmen eine Premiummarke aufbauen. Hierunter versteht man einen Markenartikel, der eine hohe Qualität und einen hohen Zusatznutzen (z.B. Prestige, Image) aufweist, mit einem hohen Preis ausgestattet ist und der exklusiv (= Wahl nur eines bestimmten Absatzmittlers) oder zumindest selektiv (= Beschränkung auf eine Zahl von Absatzmittlern, die nach bestimmten Kriterien wie beispielsweise Image, Qualifikation ausgewählt werden) vertrieben wird (vgl. hierzu auch Abschnitt 6.2.3).

- Option III: **Preis/Mengen-Strategie**
  Dabei wird das Produkt zu einem geringen Preis angeboten, um große Mengen absetzen und dadurch Stückkosteneinsparungen aufgrund von Erfahrungskurveneffekten (vgl. hierzu Abschnitt 5.3.2) realisieren zu können.

- Option IV: **Vorteils-Strategie**
  Eine letzte Möglichkeit besteht darin, eine herausragende Leistung günstig anzubieten. Da sich ein solches Produkt aber nur bedingt kostengünstig produzieren lässt, birgt eine solche Positionierung die Gefahr von Verlusten in sich. Die Vorteils-Strategie bietet sich demnach in erster Linie bei zeitlich begrenzten Verkaufsförderungsaktionen an. Außerdem ist sie geeignet, um Wettbewerber mit Präferenz-Positionierung anzugreifen.

Nach Porter existieren demnach nur zwei längerfristig sinnvolle Marktstimulierungsstrategien, nämlich die Präferenz- und die Preis/Mengen-Strategie. Gilbert/Strebel modifizieren dieses Konzept durch die sog. **Outpacing-Strategie**, die auf der nicht für alle Märkte zutreffenden Annahme basiert, dass letztlich alle Kunden höchste Qualität zu niedrigsten Preisen präferieren. Der größte Erfolg wird demnach Produkten beschieden sein, die hohe Qualität zu einem niedrigen Preis bieten. Unternehmen, die eine Wettlaufstrategie verfolgen, werden demnach zunächst die Qualität ihrer Produkte steigern und anschließend Kosteneinsparungen anvisieren oder aber in umgekehrter Reihenfolge agieren.

5.2.3 Marktparzellierungsstrategien

Bei der Festlegung der Marktparzellierungsstrategie stellen sich grundsätzlich zwei zentrale Fragen:

- Soll ein Unternehmen einen Markt undifferenziert oder differenziert bearbeiten?
- Soll ein Markt teilweise oder vollständig abgedeckt werden?

Demnach lassen sich anhand der Kriterien „Differenzierungsgrad des Marketingprogramms" und „Grad der Marktabdeckung" grundsätzlich die in Abb. 25 aufgeführten **vier Marktparzellierungsstrategien** unterscheiden:

- **Undifferenziertes Marketing**
  Hier wird mit einem standardisierten Angebot und einem einheitlichen Marketing-Programm der gesamte Markt abgedeckt. Zu den Vertretern dieser Strategie gehört Microsoft, das mit seinem Standardprogramm MS-Windows den Markt der Betriebssysteme bedient.

- **Konzentriert-undifferenziertes Marketing**
  Im Zuge dieser Strategie deckt ein Unternehmen mit einem spezialisierten Angebot einen Teil des Marktes ab. Beispielsweise hat sich die Guinness-Brauerei international auf ein dunkles Stout und damit auf eine Marktnische spezialisiert.

- **Differenziertes Marketing**
  Hier strebt das Unternehmen mit einem differenzierten Angebot eine totale Abdeckung des Marktes an. Etwa Shimano, der Produzent von Fahrradkomponenten, liefert Schaltungen und Bremsanlagen an sämtliche Marktsegmente. Das Spektrum der Zielgruppen reicht hier vom Hochleistungssportler bis zum Freizeit-Fahrradfahrer.

- **Selektiv-differenziertes Marketing**
  Dabei wird ein Partialmarkt mit einem differenzierten Angebot bearbeitet. So hat sich die Brauerei Erding auf das Segment der Weizenbiertrinker fokussiert und bietet hier die Varianten Dunkel, Hefe, Kristall sowie alkoholfrei an.

Abb. 25: Die Marktparzellierungsstrategien im Überblick

| | **Abdeckung des Marktes** | |
	vollständig	teilweise
undifferenziert (Massenmarketing)	(1) Undifferenziertes Marketing	(2) Konzentriert-undifferenziertes Marketing
Differenzierung des Marketing-programms		
differenziert (Marktsegmentierung)	(3) Differenziertes Marketing	(4) Selektiv-differenziertes Marketing

5.2.4 Marktarealstrategien

5.2.4.1 Überblick

Die Marktarealstrategie legt fest, welcher geographische Raum bearbeitet werden soll. Das Spektrum der Optionen reicht hier von der lokalen, regionalen und nationalen Marktbearbeitung über internationale und multinationale Strategien bis hin zur vollständigen Abdeckung des Weltmarktes (vgl. Abb. 26 sowie im Folgenden Backhaus 2002; Backhaus/Büschken/Voeth 1999; Meffert/Bolz 1999; Herrmanns/Wißmeier 1995). Für Aktivitäten jenseits des angestammten Terrains sprechen u.a. folgende Gründe:

- Öffnen eines Absatzventils, da der heimische Markt gesättigt ist
- Erschließen von Preisspielräumen
- Realisierung von Kostenvorteilen (u.a. durch Erzielung von Erfahrungskurveneffekten; vgl. hierzu Abschnitt 5.3.2)

Im Zuge eines „Going-International" fallen **folgende Entscheidungstatbestände** an (vgl. Backhaus 2002):

- **Marktauswahl**: Welcher Markt bzw. welche Märkte sollen bearbeitet werden?
- **Marktbearbeitung**: Mit welcher Strategie soll auf den Märkten agiert werden?
- **Timing**: Wann soll in einen ausländischen Markt eingetreten werden, und wie soll bei mehreren Märkten die länderspezifische Abfolge der Eintritte vonstatten gehen?
- **Markteintritt**: Mit welcher Organisationsform soll in den ausländischen Markt eingetreten werden?

Abb. 26: Die Marktarealstrategien im Überblick

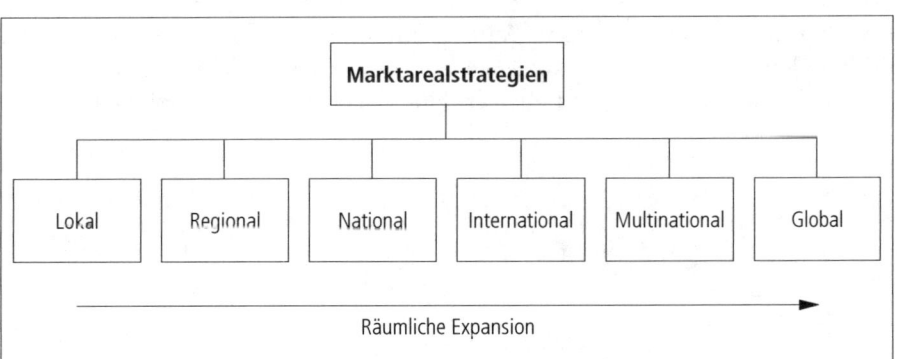

5.2.4.2 Marktwahl

Zunächst gilt es, denjenigen Markt bzw. diejenigen Märkte auszuwählen, die bearbeitet werden sollen. Dabei fließen u.a. folgende **Kriterien** in die Entscheidungsfindung ein:

- Ökonomische Faktoren (Marktvolumen, Konkurrenzsituation)
- Politische Faktoren (politische Stabilität, Wirtschaftspolitik)
- Rechtliche Faktoren (zwischenstaatliche Vereinbarungen, internationale Handelsbräuche; nationale Gesetze wie Sicherheitsvorschriften, Werberichtlinien, Maß- und Gewichtsvorschriften, Normierungsvorschriften)
- Natürliche und technische Faktoren (Topographie, Infrastruktur, technischer Entwicklungsstand)
- Sozio-kulturelle Faktoren (Sprache, Religion, ethische Unterschiede, Bildungsstand, Einstellung zu Wirtschaftsleben und persönlichem Besitz)

In Abhängigkeit von der Ausprägung der einzelnen Faktoren weisen die zur Auswahl stehenden Länder eine mehr oder minder hohe Attraktivität auf. Dieser stehen Barrieren gegenüber, die den Markteintritt behindern. Anhand der beiden Dimensionen **Marktattraktivität** und **Marktbarrieren** lassen sich die zur Disposition stehenden Länder nunmehr in einer **Vier-Felder-Matrix** positionieren (vgl. Abb. 27):

- **Kernmärkte** zeichnen sich durch eine hohe Attraktivität und geringe Markteintrittsbarrieren aus.
- **Hoffnungsmärkte** weisen eine hohe Attraktivität, aber gleichzeitig auch hohe Eintrittshürden auf. In solchen Fällen hofft man, dass die Zugangsbarrieren mit der Zeit abgebaut und damit der Markteintritt erleichtert werden.
- **Abstinenzmärkte** gilt es zu meiden, da sie weder attraktiv noch leicht zugänglich sind.
- **Gelegenheitsmärkte** sind in der Gesamtbetrachtung zwar wenig attraktiv. Trotzdem sollte man sie im Auge behalten, da sie leicht zugänglich sind und vielleicht in absehbarer Zeit die eine oder andere Chance bieten.

**Abb. 27: Eine Ländermarkttypologie anhand der Dimensionen „Marktattraktivität"
und „Marktbarrieren"**

	Markteintrittsbarrieren	
	niedrig	hoch
Markt-attraktivität gering	Gelegenheitsmärkte	Abstinenzmärkte
hoch	Kernmärkte	Hoffnungsmärkte

Quelle: Backhaus (2002).

5.2.4.3 Marktbearbeitung

Die Frage nach der Art der Marktbearbeitung lässt sich im Wesentlichen auf die Schlüsselfrage der Internationalisierung, nämlich die klassische Kontroverse **Standardisierung versus Differenzierung** von Programmen (und gegebenenfalls von Prozessen) fokussieren (vgl. im Folgenden Müller/Kornmeier 2002, S. 142 - 212). Standardisierung in seiner extremsten Form bedeutet, dass identische Produkte und Dienstleistungen zu einheitlichen Preisen sowie Konditionen über gleiche Distributionskanäle unter Einsatz des gleichen Kommunikationsinstrumentariums vertrieben werden. Die Standardisierungsstrategie, zu deren Befürwortern **T. Levitt** (1983, S. 92 - 102) zählt, basiert auf der Annahme, dass sich die Bedürfnisse und das Verhalten der Verbraucher weltweit immer stärker annähern (sog. Konvergenzthese), so dass Unternehmen über Ländergrenzen hinweg einheitliche Strategien verfolgen können. Eine solche Strategie verspricht Kosteneinsparungen und reduzierten Ressourceneinsatz.

Die Kritiker der Standardisierungshypothese, zu denen **P. Kotler** zu rechnen ist, vertreten die entgegengesetzte Ansicht: Infolge international divergierender Bedürfnisse und Verhaltensweisen der Konsumenten seien standardisierte Konzepte suboptimal. Vielmehr müssten die Marketingprogramme und -prozesse den jeweiligen länderspezifischen Gegebenheiten angepasst werden (Differenzierung gemäß der Maxime: „All Business is Local").

Die Mehrzahl sowohl der Wissenschaftler als auch der Praktiker bekundet die Meinung, dass weder die weltweite Standardisierung noch die vollständige länderspezifische Differenzierung praktikabel sind. Eine Lösung des skizzierten Spannungszustandes zwischen kosteninduziertem Standardisierungsdruck und kulturinduziertem Differenzierungsbedarf versprechen Mischformen, die auf dem Prinzip der differenzierten Standardisierung basieren und die Maxime „Soviel Standardisierung wie möglich, soviel Differenzierung wie nötig" verfolgen.

Fallstudie	**Differenzierte Standardisierung - Coca-Cola: Think Global, Act Local.**

Selbst Coca-Cola, in der Literatur häufig als Paradebeispiel für eine Standardisierungsstrategie angeführt, vereinheitlicht nur Markierung und Positionierung. Bereits Rezeptur und Werbung werden länderspezifisch adaptiert. So enthält der Softdrink in islamisch geprägten Ländern überdurchschnittlich viel Zucker, da deren Bewohner traditionell Süßes schätzen. Und auch die Werbebotschaft „You can´t beat the feeling." wird keinesfalls weltweit ausgestrahlt, sondern in bestimmten Ländern durch andere Slogans ersetzt.

5.2.4.4 Timing

In dieser Phase geht es um die Planung und Realisation der Markteintrittszeitpunkte. Zum einen gilt es, den optimalen Zeitpunkt für den Eintritt in einen ausländischen Markt festzulegen. Grundsätzlich kann man hierbei als erster in einen Markt eintreten (= „first-mover"-Strategie) oder zunächst den Wettbewerbern (= „follower"-Strategie) den Vortritt lassen. Die jeweiligen Vor- und Nachteile sind in Abb. 28 und 29 aufgeführt.

Abb. 28: Vor- und Nachteile der „first-mover"-Strategie

Vorteile	Nachteile
• Vorsprung" in Bezug auf Bekanntheit / Image	• Hohe Kosten der Markterschließung (Marktbereitung), u.a. wegen Anbahnung und Aufbau von Händlerkontakten (= Suchkosten)
• Bessere Möglichkeit, Erfahrungen auf dem Auslandsmarkt zu sammeln und sich an die lokalen Gegebenheiten anzupassen (z.B. spezifische Kundenbedürfnisse)	• ‚Free rider'-Effekt: Follower profitieren teilweise von den Investitionen des Pioniers
• Rekrutierung guter Mitarbeiter	• Gefahr der Fehleinschätzung der Marktsituation (z.B. Marktvolumen; Zahlungsbereitschaft), da Vergleichswerte fehlen
• Möglichkeit zum frühzeitigen Aufbau langfristiger Beziehungen zu Lieferanten und Kunden (Kundenbindung)	
• Aufbau von Netzwerken bzw. informellen Kontakten	
• Möglichkeit zur Schaffung und Durchsetzung eines Standards („dominantes Design")	
• Größenvorteile etwa in der Beschaffung oder Produktion (z.B. durch frühzeitige Schaffung einer guten Marktstellung oder durch befristete Alleinstellung)	
• Monopolgewinne zur Reinvestition bzw. zum Ausbau der Marktposition in anderen Ländermärkten	

Abb. 29: Vor- und Nachteile der „follower"-Strategie

Vorteile	Nachteile
• „Lerneffekte": Der Folger kann von Fehlern des Pioniers lernen	• Überwindung der vom Pionier errichteten Markteintrittsbarrieren
• Aufgrund des Engagements der Konkurrenten sind zuverlässigere Informationen verfügbar (z.B. über Konsumentenverhalten, Zahlungsbereitschaft, Kaufkraft)	• Suchkosten (Suche nach Kunden, Mitarbeitern, Aufbau von Kontakten zu Lieferanten / Netzwerken)
• Frühere Gewinne / schnellere Amortisation der Investition („das Feld ist bereitet", falls der Folger den Markt während der Wachstumsphase betritt)	• Kosten für vertrauensbildende Maßnahmen (z.B. für neu im Markt einzuführende Marken)
• Kostenvorteile, da der Folger die gesetzten Standards übernehmen kann (z.B. Einsparen von Schulungskosten)	• Kosten für Abwerben von Lieferanten / Kunden des Pioniers („Aufbrechen" bestehender Geschäftsbeziehungen)
	• Nachteil auf „Erfahrungskurve" (fehlendes Wissen über den Markt, Kostennachteile aufgrund geringerer Absatzmengen (zu Beginn) bzw. höherer Fixkosten / Beschaffungskosten usw.)

Zum anderen muss die länderspezifische Abfolge der Eintritte auf mehrere Märkte geplant werden. Hierfür stehen grundsätzlich **zwei Optionen** zur Verfügung (vgl. Backhaus 2002):

- Im Zuge der **Sprinklerstrategie** (vgl. Abb. 30 sowie 31) werden möglichst viele Märkte simultan oder in kurzer Zeit erschlossen. Auf diese Weise gelingt es, die Markteintrittsrisiken auf mehrere Ländermärkte zu verteilen. Gleichzeitig nimmt man aber auch Fehlinvestitionen in Kauf. Langfristig wird die Zahl der Auslandsmärkte reduziert, d.h. erfolglose Märkte werden wieder aufgegeben. Grundsätzlich werden die Märkte standardisiert und mit geringer Intensität bearbeitet. Aufgrund begrenzter Budgets werden Informationen nur eingeschränkt beschafft.

Abb. 30: Vereinfachte Darstellung der Sprinkler-Strategie

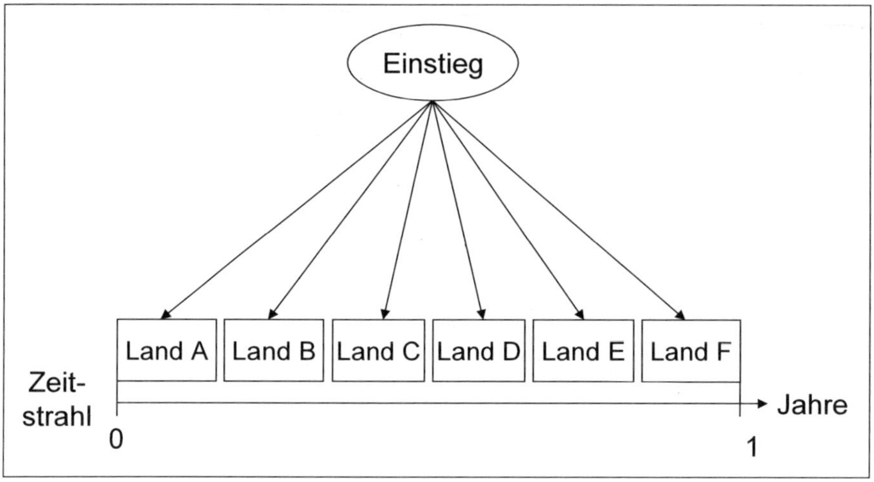

Abb. 31: Vor- und Nachteile der Sprinkler-Strategie

Vorteile	Nachteile
• Nutzung von Marktchancen durch frühzeitigen Markteintritt (v.a. bei modischen bzw. Trendprodukten mit kurzem Lebenszyklus)	• Großer Ressourcenbedarf (Human- und Finanzkapital) sowie hohe Komplexität (z.B. Berücksichtigung von Interdependenzen zwischen den Märkten, Preisunterschiede)
• Nutzung der generell vorhandenen Vorteile des Pioniers	• Begrenzte Möglichkeit der Anpassung an die Bedürfnisse des Ländermarktes (aufgrund der Komplexität und der Geschwindigkeit des Markteintritts)
• Schnellere Amortisation der Fixkosten (z.B. wegen der größeren Produktionsmenge, ‚economies of scale')	• Höheres Scheiterrisiko, da aufgrund des zeitgleichen Markteintritts keine Testmärkte vorhanden sind
• Möglichkeit, durch gleichzeitigen Eintritt in viele Ländermärkte einen Standard zu setzen (= dominantes Design)	• Eingeschränkte Möglichkeit, von den Erfahrungen auf anderen Ländermärkten zu profitieren
• Schlechtere Reaktionsmöglichkeit der Konkurrenten	

- Im Rahmen der **Wasserfallstrategie** (vgl. Abb. 32 sowie 33) hingegen tritt ein Unternehmen sukzessive in die einzelnen Auslandsmärkte ein. Ein Produkt wird erst nach erfolgreicher Einführung in einem Land auch in einem anderen Land angeboten. Auf diese Weise:
  - o kann man sich schrittweise ins Auslandsgeschäft hineintasten und die Ressourcen an den gestiegenen Bedarf anpassen,
  - o begrenzt man das Risiko, da Abbruchoptionen der Internationalisierung bestehen bleiben und auf diese Weise länderübergreifende Flops vermieden werden,
  - o kann man den Produktlebenszyklus eines Produktes verlängern, läuft aber zugleich Gefahr, zunächst einzelne Märkte, zu denen später nur noch schwer Zugang besteht, zu vernachlässigen. Die Märkte werden grundsätzlich differenziert bearbeitet, die Informationssuche erfolgt ausgiebig.

Abb. 32: Vereinfachte Darstellung der Wasserfall-Strategie

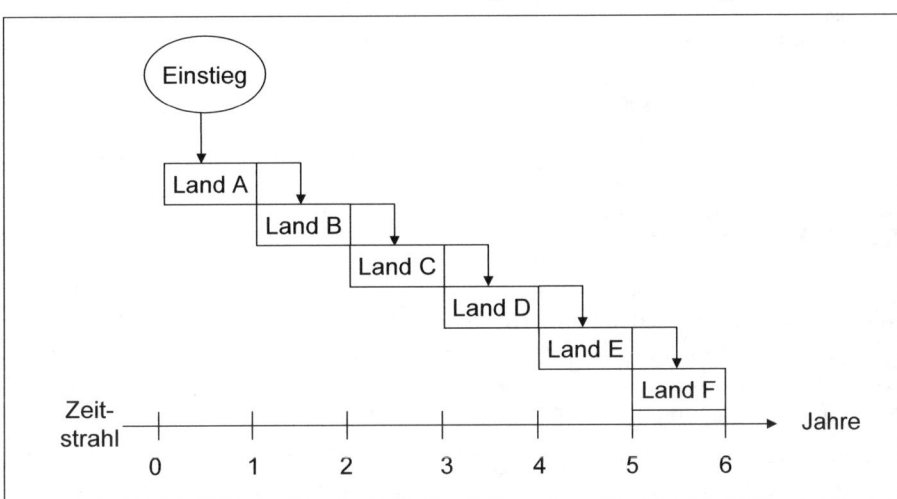

Abb. 33: Vor- und Nachteile der Wasserfall-Strategie

Vorteile	Nachteile
• Zeitlich versetzter Ressourcenbedarf (v.a. Human-, Finanzkapital)	• Gefahr, Marktchancen zu verpassen (z.B. bei modischen Produkten)
• Finanzierung neuer Markteintritte durch Gewinne auf bestehenden Auslandsmärkten (= zeitlicher kalkulatorischer Ausgleich zwischen Ländermärkten)	• Verlust der „Kraft der Innovation" (der Überraschungseffekt geht verloren, da die Innovation keine eigentliche Innovation mehr ist)
• Nutzung bestehender Produkte und Technologien in möglichst vielen Auslandsmärkten (= Verlängerung des Produkt-Lebenszyklus)	• Konkurrenten werden frühzeitig gewarnt • Mögliche Fehleinschätzung, wenn der Erfolg auf bisherigen Märkten fortgeschrieben wird (= Fehleinschätzung durch Analogienbildung)
• Nutzung der zuerst betretenen Länder als Testmärkte (z.B. bei Innovationen) oder als Referenzmärkte (z.B. bei größeren Anlagen)	
• Aufbau von Brückenköpfen (z.B. Südafrika ⇒ südliches Afrika; Hong Kong ⇒ Südostasien)	
• Minderung des Scheiterrisikos („nicht alles auf eine Karte setzen")	
• Bessere Möglichkeit der Anpassung an die länderspezifischen Bedürfnisse (da zeitlich entkoppelt)	

5.2.4.5 Markteintritt

Attraktivität, Eintrittsbarrieren und Risikopotentiale einzelner Auslandsmärkte führen zu verschiedenen Formen der Markterschließung. Nach dem Ort der Wertschöpfung (Kapitaleinsatz/Managementleistung) lassen sich die folgenden **Markteintrittsstrategien** unterscheiden (vgl. im Folgenden Bodenstein/Spiller 1998, S. 137 f.; Meissner 1987, S. 47).

• Der **Export** bildet häufig den Ausgangspunkt der Internationalisierung von Unternehmen. Dabei wird zwischen direktem und indirektem Export unterschieden. Im Falle des direkten Exports beliefert der nationale Hersteller ausländische Wiederverkäufer und/oder Endverbraucher unter Ausschluss inländischer Exportzwischenhändler. Beim indirekten Export hingegen überträgt der inländische Produzent sämtliche Funktionen, Kosten und Risiken der Ausfuhr auf ein unabhängiges inländisches Absatzorgan (z.B. internationaler Exporteur, internationale Handelsgesellschaft, Einkaufsniederlassung eines ausländischen Unternehmens, unternehmenseigenes Handelshaus, Exportkommissionär, Gemeinschaftsexportunternehmen). Auf diese Weise können spezielle Länder- und Branchenkenntnisse der Exporteure genutzt werden. Gleichzeitig wird jedoch ein geringer Kontakt zum Auslandsmarkt in Kauf genommen.

- Gegenstand eines **Lizenzvertrags** ist die Befugnis eines ausländischen Lizenznehmers, gewerbliche Rechte (z.B. Patente, Gebrauchsmuster, Warenzeichen) eines inländischen Lizenzgebers zu nutzen. Dieser enthält im Gegenzug ein Lizenzentgelt in Form von:
  - o laufenden Gebühren (umsatz- und stückbezogen, inputbezogen, gewinnbezogen)
  - o Pauschalgebühren (Pauschallizenz, periodische Pauschalgebühren, Abschlagszahlung)
  - o Einnahmen aus dem Verkauf von Vormaterial, Maschinen und Ausrüstung an den Lizenznehmer
  - o Gebühren für Unterstützungs- und Serviceleistungen
  - o Rücklieferungen an den Lizenzgeber zu Sonderkonditionen
  - o Gebühren in Form von Kapitalbeteiligungen und/oder
  - o Lizenzaustausch („Cross Licensing"; vgl. Berndt/Sander 1997, S. 521).

  Die Vergabe einer Lizenz eröffnet die Möglichkeit, mit geringen Investitionen Erfahrungen auf einem Auslandsmarkt zu sammeln.

- **Franchising** ist eine Weisungs- und Kontrollbefugnisse umfassende Form der Lizenzierung. Die jeweiligen Vorteile für Franchise-Geber und -nehmer sind Abb. 34 zu entnehmen (vgl. hierzu Winkelmann 2000, S. 331).

Abb. 34: Vorteile für Franchisegeber und -nehmer

Vorteile für Franchisegeber	Vorteile für Franchisenehmer
• Erhalt einer Franchisegebühr sowie umsatzabhängige Einnahmen • Schnelle räumliche Expansion mit vergleichsweise geringem Aufwand • Umfangreiche Kontrollrechte • Erlangung von Marktdaten, die sonst nicht zur Verfügung stehen würden (etwa Absatzzahlen des lokalen Partners) • Verlagerung großer Teile des unternehmerischen Risikos (etwa Fixkostenaufbau, Konkursrisiko, Haftung für Fremdkapital) auf Franchisenehmer	• Zugriff auf bestehendes Know-how • Begrenztes Geschäftsrisiko infolge Übernahme einer bewährten Konzeption • Profitieren vom Image des Franchise-Gebers • Unterstützung in Marketing, Weiterbildung und Betriebsführung sowie bei der Beschaffung von Ressourcen (Güter, Kapital, Personal) durch den Franchise-Geber • Gegebenenfalls Gebietsschutz und Anschubfinanzierung

Bekannte Franchisesysteme sind McDonald´s, Burger King, Nordsee, Coca Cola, Eismann, Holiday Inn, Hilton, Goodyear, Sixt, Hertz, Ihr Platz und OBI.

| Fallstudie | **Franchising - das Beispiel McDonald´s** |

Rund 65 Prozent der McDonald´s Restaurants in Deutschland werden von selbständigen Unternehmern im Franchise-Modell betrieben. Der Franchise-Geber, im vorliegenden Fall McDonald´s Deutschland Inc., erteilt seinen Franchise-Nehmern eine Franchise zur selbständigen Führung eines Betriebes. Übergreifende Leistungen wie Werbung oder Einkauf werden jedoch zentral vom Franchise-Geber erbracht.

Das erste deutsche McDonald´s Franchise-Restaurant eröffnete 1975. Die Verträge hatten eine Laufzeit von 20 Jahren und waren ein damals kaum bekanntes Geschäftsmodell in der neuartigen Branche Systemgastronomie. Die heutzutage neu hinzukommenden Franchise-Nehmer müssen ein umfangreiches Auswahlverfahren durchlaufen. In 2001 gingen mehr als 2.500 Anträge in der Münchener Zentrale ein.

Eine Franchise wird nur an Einzelpersonen vergeben, die ihre gesamte unternehmerische Aktivität dem Betrieb ihres Restaurants widmen. McDonald´s steht seinen Partnern dabei mit Beratung und laufender Fortbildung in Fragen rund um die Führung eines Restaurants zur Seite. Darüber hinaus profitieren sie von der nationalen Werbung für die Marke, technischen Innovationen, günstigen Konditionen beim Wareneinkauf und einem exklusiven Distributionssystem. Im Gegenzug verlangt McDonald´s, dass sich jeder Franchise-Nehmer an die Grundsätze des Unternehmens hält. Hierzu gehören das Einhalten der Qualitätsnormen, hundertprozentige Gästeorientierung, das Umsetzen des Umweltschutzprogramms „Vermeiden, vermindern, verwerten" und soziales Engagement durch finanzielle oder organisatorische Unterstützung gemeinnütziger Anliegen.

Die Investitionssumme für den Franchise-Nehmer liegt bei ca. 600.000 Euro und muss zu 40 % mit frei verfügbarem Eigenkapital finanziert sein, d.h. diese Summe darf nicht mit Zins und Rückzahlungsansprüchen Dritter belastet sein. Die restlichen 60 % können über Kreditinstitute finanziert werden. Die Inanspruchnahme öffentlicher Fördermittel ist möglich, sofern der Interessent die dafür erforderlichen Voraussetzungen erfüllt.

Der Franchise-Nehmer entrichtet eine laufende Franchise-Gebühr von 5 % des Nettoumsatzes. Diese laufende Franchise-Gebühr wird aufgrund des Bekanntheitsgrades der Marke, des bereitgestellten Know-hows und aufgrund der verschiedenen Leistungen des Franchise-Gebers gegenüber dem Franchise-Nehmer erhoben. Daneben müssen 5 % vom Nettoumsatz in den McDonald´s Werbefonds für nationale und regionale Absatzförderung entrichtet werden. Ein Teil dieser Aufwendungen steht dem Franchise-Nehmer auch für seine lokale Werbung zur Verfügung. Über die Verwendung wird von den Franchise-Nehmern und McDonald´s gemeinsam entschieden.

Quelle: www.mcdonalds.de.

- Schließlich können ausländische Märkte durch **Direktinvestitionen** in Form von Niederlassungen erschlossen werden. Das Spektrum an Optionen reicht hier von eher kleinen Vertriebsniederlassungen über Produktionsbetriebe bis hin zu Tochtergesellschaften und damit zur Verlagerung der gesamten Wertschöpfung ins Ausland. Als Gründe für Direktinvestitionen sind u.a. die Neutralisierung von Währungsschwankungen, Kosten- und Steuervorteile, die Überwindung von Importbarrieren sowie die Möglichkeit der Erlangung eines inländischen Images zu nennen.

Abb. 35: Markteintrittsstrategien - differenziert nach dem Ort der Wertschöpfung

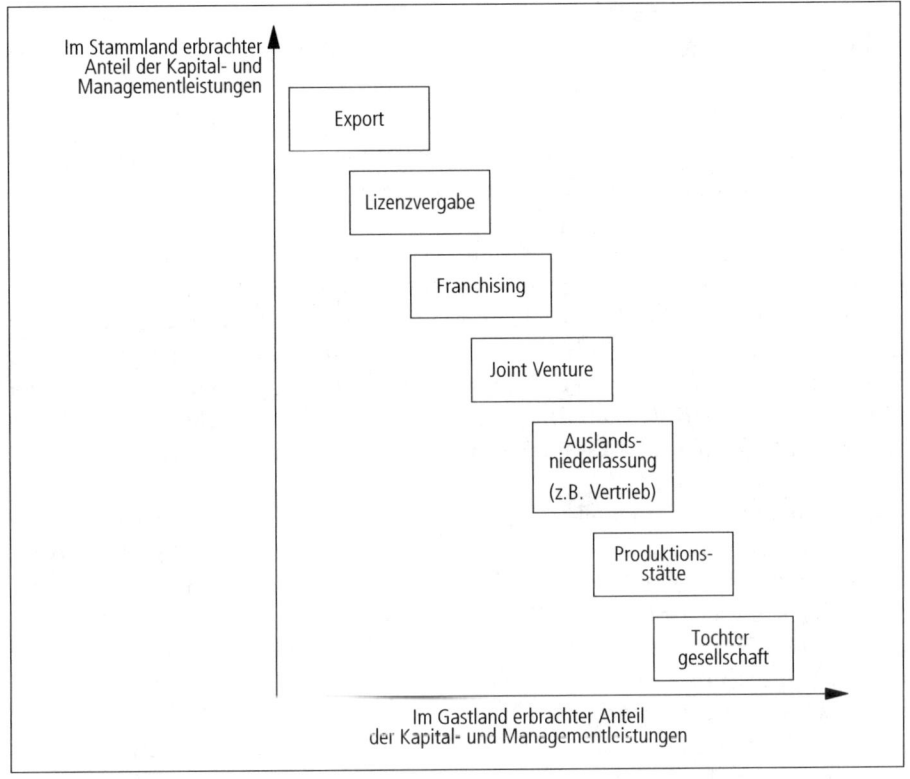

Quelle: in Anlehnung an Meissner (1987, S. 47).

5.3 Konkurrenzorientierte Strategien

5.3.1 Überblick

Infolge des auf zahlreichen Märkten herrschenden Konkurrenzdrucks genügt es nicht mehr, Marketing-Strategien ausschließlich an den Bedürfnissen der derzeitigen und potentiellen Klientel auszurichten. Vielmehr erscheint es notwendig, auch die Wettbewerber in die strategischen Überlegungen einzubeziehen. Vor diesem Hintergrund erweiterte Michael E. Porter ins seinen Werken Wettbewerbsstrategie (1999a) und Wettbewerbsvorteile (1999b) das Strategiekonzept um den Wettbewerbsgedanken in vertikaler und horizontaler Richtung:

- **Horizontaler Wettbewerb** mit etablierten Konkurrenten, Anbietern von Substituten (z.B. Hersteller von Nierensteinzertrümmerern mit Pharmaindustrie und Chirurgen) und neuen Wettbewerbern
- **Vertikaler Wettbewerb** mit vorgelagerten Lieferanten und nachgelagerten Kunden im Kampf um Marktanteile in der Wertschöpfungskette

Um der Gefahr zu entgehen, „zwischen den Stühlen" zu sitzen, fordert Porter eine bewusste Strategieplanung (Kostenführerschaft versus Qualitätsführerschaft) sowie Marktauswahl (Gesamtmarkt versus Segment) und leitet daraus drei Strategietypen ab: Kostenführerschaft, Qualitätsführerschaft und Fokussierung. Auf diese Weise soll es Unternehmen gelingen, sich aus der **„Stuck-in-the-Middle"-Position** zu befreien und in Bereichen mit höherem Return on Investment (= Gesamtkapitalrendite) anzusiedeln (vgl. Abb. 36).

Die im Folgenden vorzustellenden konkurrenzorientierten Strategien, die den Wettbewerbsaspekt in den Vordergrund stellen, weisen unübersehbare Ähnlichkeiten zu den bereits vorgestellten Marktstimulierungs- (Preis/Mengen-Strategie, Präferenz-Strategie, Outpacing) und Marktparzellierungsstrategien (undifferenziertes Marketing, differenziertes Marketing, konzentriertes Marketing) auf, die ihrerseits die Ausrichtung am Kunden akzentuieren (vgl. hierzu Abschnitte 5.2.2 und 5.2.3). Damit repräsentieren die Wettbewerbsstrategien keine eigenständige strategische Dimension, sondern eine Art Perspektivenwechsel in Bezug auf die abnehmerorientierten Strategien (vgl. hierzu Becker 2001, S. 329 - 331).

Abb. 36: Die Beziehung zwischen Rentabilität und relativem Marktanteil

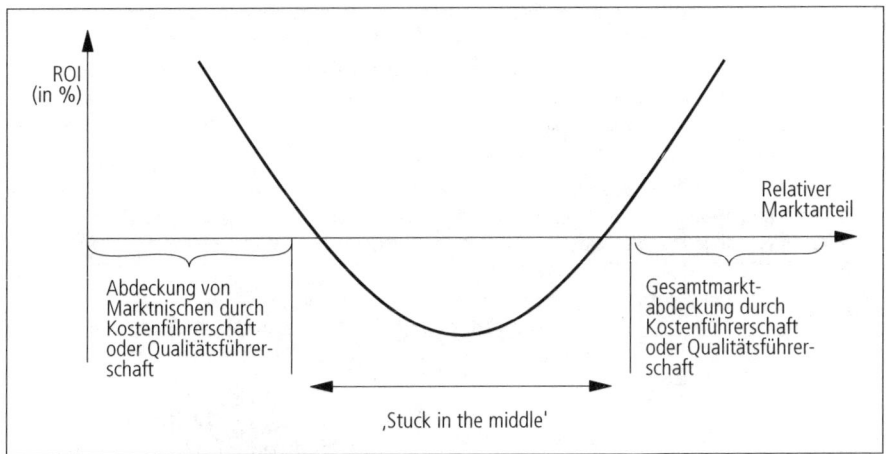

Quelle: Porter (1999a, S. 73).

5.3.2 Kostenführerschaft

Die Kostenführerschaft zielt darauf ab, durch die im Vergleich zur Konkurrenz günstigste Kostenstruktur Wettbewerbsvorteile zu erlangen. Hierfür bieten sich im Wesentlichen **zwei Ansatzpunkte**:

- **Rationalisierung** in der Produktion (etwa durch Standardisierung der Produkte, Automatisierung der Produktion, Verringerung der Fertigungstiefe durch Outsourcing) sowie in anderen Funktionsbereichen des Unternehmens (z.B. Einsparung von Personal in der Verwaltung durch Reduzierung des bürokratischen Aufwandes, Dezentralisierung durch Entscheidungsdelegation)

- **Erzielung von Erfahrungskurveneffekten** durch schnelles Erringen eines hohen Marktanteils. Hierfür eignet sich beispielsweise eine Penetrationsstrategie, bei der ein Produkt anfänglich sehr günstig angeboten wird, wodurch schnell hohe Stückzahlen und damit Erfahrungskurveneffekte (vgl. Abschnitt 5.3.2) erzielt werden können. Später kann der Preis dann gegebenenfalls sukzessive erhöht werden (vgl. Abschnitt 7.3.3).

Abb. 37: Vor- und Nachteile der Kostenführerschaft

Vorteile	Nachteile
• Weitergabe des Kostenvorteils durch einen entsprechenden Preisvorteil an die Kunden, wodurch sich schnell ein großer Marktanteil erzielen lässt	• Durch niedrigen Preis Anlocken von Schnäppchenjägern, die immer auf der Suche nach dem günstigsten Angebot sind und sich demnach nur schwerlich binden lassen
• Aufbau von Markteintrittsbarrieren dergestalt, dass potentielle Konkurrenten durch niedrige Preise abgeschreckt werden	• Falls Kostenführer von einem noch preisgünstigeren Wettbewerber bedrängt wird, Gefahr eines ruinösen (Preis-)Wettbewerbs

Fallstudie **Economies of Large Scale – die „Welt AG" des Daimler-Chrysler-Konzerns**

Aufgrund des harten Wettbewerbs auf den Weltmärkten ist der Druck in den vergangenen Jahren noch gestiegen, die Stückkosten zu reduzieren. Die daraus resultierende Idee der häufig kritisierten „Welt AG", wie sich Daimler-Chrysler gerne selbst bezeichnet und die vom mittlerweile ausgeschiedenen Vorstandsvorsitzenden Jürgen Schrempp mitentwickelt worden war, basiert zu einem erheblichen Maße auf der Nutzung gemeinsamer Komponenten, Motoren und Plattformen für die verschiedenen Marken Mercedes, Smart, Chrysler und Mitsubishi (mit letzteren auf Basis von Kooperationsverträgen). Neben diesen Mengeneffekten können durch die Kooperation mit Mitsubishi und Hyundai die Entwicklungsaufwendungen pro Marke reduziert werden.

Die Idee der „Welt AG" hat ihren Ausgangspunkt in der der Plattformstrategie. Dabei werden Produkte so gestaltet, dass sie auf gemeinsamen Komponenten (Bestandteile eines Produkts) und Prozessschritten (Produktionsabläufen) basieren. Folglich teilen Produkte aufgrund einer gemeinsamen Plattform zahlreiche Entwicklungs- und Produktionseigenschaften.

Grundlegendes Ziel einer Plattformstrategie ist eine möglichst geringe unternehmensinterne Komplexität bei einer gleichzeitigen hohen externen Komplexiät (Variantenvielfalt und Kundenspezifität), um auf diese Weise Kostenvorteile zu realisieren.

Beispielsweise wird der Smart Forfour gemeinsam mit dem Mitsubishi Colt im niederländischen Werk Born gefertigt. Auf der Achse Japan-Amerika laufen zahlreiche Projekte für den Nutzraum der so genannten C- und D-Plattformen im Bereich der Kompakt- und Mittelklasse. So stehen etwa der Neon und der Stratus von Chrysler auf Plattformen des Lancer und des Sebring von Mitsubishi. Der Weltmotor, der unter Führung des strategischen Partners Hyundai entwickelt wird, soll auch bei Chrysler und Mitsubishi eingesetzt werden.

Auch auf der Achse Amerika-Deutschland bewährt sich die Plattformstrategie, wie der Chrysler Crossfire belegt. Der Sportwagen enthält rund 40 Prozent Mercedes-

Teile und ist damit Spitzenreiter bei der Gleichteilenutzung.

Quelle: o. V.: Weltweite Plattform-Strategie auf dem Prüfstand, in: Frankfurter Allgemeine Zeitung, Nr. 96 vom 24.04.2004, S. 17.

5.3.3 Qualitätsführerschaft

Im Gegensatz zur Kostenführerschaft differenziert sich ein Unternehmen hier von Wettbewerbern durch ein Produkt mit besonderer Qualität. Diese muss sich nicht nur auf den **Grundnutzen** beziehen, sondern kann auch **Zusatznutzenkomponenten** umfassen. Hierzu zählen u.a.:

- Design,
- Image,
- Erlebniswert beim Kauf sowie Ge- bzw. Verbrauch sowie
- Service- und Garantieleistungen.

Abb. 38: Vor- und Nachteile der Qualitätsführerschaft

Vorteile	Nachteile
• Hohes Kundenbindungspotential durch Spitzenqualität • Aufbau eines positiven Images	• Höhere Kosten • Nichtansprache preisbewusster Zielgruppen • Anlocken von Wettbewerbern durch (vermutetet) hohe Gewinnmargen

5.3.4 Fokussierung

Sowohl mit der Kosten- als auch mit der Qualitätsführerschaft muss ein Unternehmen nicht unbedingt den Gesamtmarkt abdecken, sondern kann auch in einem Teilmarkt agieren. Konzentriert sich ein Anbieter auf einen solchen und bewegt sich dort als Kosten- oder Qualitätsführer, spricht Porter von der Strategie der Fokussierung. Bei den hierbei ausgewählten Märkten handelt es sich häufig um **Nischen**. Hierunter versteht man kleine, überschaubare Märkte, die von Massenanbietern nicht bearbeitet werden.

Mittels Fokussierung legt sich ein Unternehmen nicht auf eine Grundsatzstrategie fest, sondern kann auf einzelnen Teilmärkten unterschiedlich auftreten, d.h. auf einem Markt als Kostenführer und auf einem anderen Markt als Qualitätsführer. Abb. 39 zeigt Kosten- und Qualitätsführerschaft sowie die zwei Ausprägungen der Fokussierung in der vergleichenden Gegenüberstellung.

Abb. 39: Die konkurrenzorientierten Strategien im Überblick

	Vorteil	
	Kosten	Leistung / Qualität
Gesamtmarkt	Kostenführer	Qualitätsführer / Kompetenzführer
Bearbeiteter Markt		
Teilmarkt	Selektiver Kostenführer / Spezialisierer	Selektiver Qualitätsführer / Innovations-Champion

5.4 Unternehmensübergreifende Strategien

5.4.1 Überblick

Im Zuge unternehmensübergreifender Strategien verabschiedet man sich von der Annahme, dass Beziehungen zwischen Marktpartnern stets **konfliktär** und als **Nullsummenspiel** verlaufen, bei dem es einen Gewinner und einen Verlierer gibt. Zu diesen teilweise überholten Verhaltensmustern zählen auf der horizontalen Ebene die Verdrängung von Wettbewerbern und auf der vertikalen Ebene die mitunter recht aggressiv verlaufenden Bargaining-Prozesse sprich Verhandlungen zwischen Lieferant und Abnehmer.

Vielmehr lässt man sich von der Überlegung leiten, dass beide Marktpartner durch Kooperation ihre Ziele gemeinsam besser erreichen und einen Nutzen aus der Zusammenarbeit ziehen können (sog. Win-Win-Strategie). Grundsätzlich bieten sich hierfür **zwei Formen** der Kooperation an (vgl. hierzu auch Nieschlag/Dichtl/Hörschgen 2002, S. 261 - 268):

- **Horizontale Kooperationen**: In diesem Fall arbeiten Unternehmen, die eigentlich miteinander konkurrieren, partnerschaftlich zusammen.
- **Vertikale Kooperationen**: Hier kooperieren Unternehmen beispielsweise mit Lieferanten und/oder Abnehmern.

5.4.2 Horizontale Kooperationen

Eine horizontale Kooperation liegt vor, wenn zwei oder mehrere derzeitige oder potentielle Wettbewerber in einem oder mehreren Geschäftsfeldern zusammenarbeiten. Folgende **Formen** lassen sich identifizieren (vgl. zu den Definitionen Diller 2001):

- **Strategische Allianz** (= eine nicht auf Dauer angelegte Partnerschaft mit dem Anliegen, bestimmte zeitweilige Ziele wie etwa Markteintritt zu erreichen)
- **Joint Venture** (= Direktinvestitionen im Ausland in Form einer gemeinsamen Investition eines heimischen und eines ausländischen Unternehmens)
- **Konsortium** (= eine v.a. im Anlagengeschäft zu beobachtende Variante der Anbietergemeinschaft)
- **Freiwillige Kette** sowie Genossenschaft (= Zusammenschluss von Unternehmen zumeist gleicher Branchen unter einem einheitlichen Organisationszeichen mit dem Ziel, unternehmerische Aufgaben gemeinsam durchzuführen)
- **Kartell** (= Vertrag oder Beschluss von Unternehmen, die auf dem selben relevanten Markt agieren, mit dem Ziel, durch Verzicht auf den autonomen Gebrauch von Aktionsparametern wie Preise, Rabatte, Konditionen den Wettbewerb zu beschränken)
- **Fusion** (= Unternehmenszusammenschluss), wobei in den vergangenen Jahren eine zunehmende Fusionsdynamik zu beobachten ist.

Mit horizontalen Kooperationen werden folgende **Ziele** verfolgt:
- Behaupten gegenüber bzw. Ausschalten von Konkurrenten
- Teilnahme am internationalen Wettbewerb
- Erwerb von Know-how und finanziellen Ressourcen
- Weiträumige Abdeckung eines Marktes
- Nutzung von Synergie- (Economies of Scope) und Erfahrungskurveneffekten (vgl. hierzu Abschnitt 5.3.2)

5.4.3 Vertikale Kooperationen

Eine vertikale Kooperation liegt vor, wenn Unternehmen mit vor- bzw. nachgelagerten Wirtschaftsstufen zusammenarbeiten. Besonders die Zusammenarbeit zwischen Hersteller und Handel gewinnt zunehmend an Bedeutung. Ausschlaggebend hierfür waren folgende **Entwicklungen**:
- Ausgeprägter Verdrängungswettbewerb (horizontale Ebene)
- Konflikte zwischen Hersteller und Handel (vertikale Ebene)
- Trend zum „Smart Shopper" („more value for less money")

Angesichts dieser Herausforderungen entstand das Konzept des **Efficient Consumer Response** (ECR), d.h. der effizienten Reaktion auf die Kundennachfrage (vgl. hierzu von der Heydt 1997). Der Ansatz basiert auf dem Grundsatz: „Working together to fulfil consumer wishes better, faster and at less cost." Konkret agieren hier Hersteller und Handel gemeinschaftlich mit dem Kunden als Ausgangs- und Orientierungspunkt sowie unter dem Motto „Kooperation statt Konfrontation". Auf diese Weise sollen sich für alle beteiligten Nutzenpotentiale erschließen, die im Alleingang nicht zu erreichen gewesen wären. Als wesentliche **Ziele** des ECR sind zu nennen:

- Abbau von Ineffizienzen entlang der Wertschöpfungskette (logistischer Aspekt)
- Erschließung von Umsatzpotential (Marketingaspekt)

Fallstudie	**Win-Win-Strategie durch kooperative Vermarktungskonzepte und Cross-Selling – das Beispiel „Rezept des Monats" von Maggi und Edeka**

Der Frankfurter Nahrungsmittelhersteller Maggi führt in Kooperation mit seinen Handelspartnern Cross-Selling-Aktionen durch. Beispielsweise bei Edeka findet unter dem Titel „Rezept des Monats" eine monatlich wechselnde nationale Vermarktungsaktion statt. Die Rezepte und Zutaten werden per Anzeigen in der Bild-Zeitung und auf Handzetteln der Edeka-Regionen kommuniziert.

Die kooperative Handelswerbung in Verbindung mit dem Maggi-Kochstudio als Absender und „Qualitätssiegel für Gelingsicherheit" stellt eine klassische Win-Win-Situation dar. So erzielen die teilnehmenden Edeka-Märkte nicht nur einen Mehrumsatz bei Maggi-Produkten, sondern auch beim Verkauf eines Maggi-Fix-Produkts im Durchschnitt den dreifachen Umsatz durch Cross-Selling mit den weiteren Hauptbestandteilen des Gerichts (etwa Frischfleisch, Teigwaren, Gemüse). Außerdem fokussiert die Promotion nicht auf aggressive Aktionspreise, sondern in erster Linie auf eine Erhöhung des Servicegrades gegenüber den Kunden und trägt damit zur Sicherung der Spanne bei beiden Partnern bei.

Quelle: o. V.: Maggi macht mit Handel gemeinsame Sache, in: Lebensmittel-Zeitung, Nr. 43 vom 22.10.2004, S. 45.

Fallstudie	ECR – das Lieferanten-Informationssystem „Metro Link"

Durch die Kombination von Web-Technologe und partnerschaftlichem Umgang im Sinne eines ECR stellt Metro seinen Lieferanten umfangreiche Informationen zur Verfügung. Auf diese Weise sollen Bestandslücken und Bestände reduziert, Category Management und Promotionsplanung verbessert und damit letztlich Umsatz und Ertrag gesteigert werden.

Mit dem zu diesem Zweck eingerichteten „Metro Link" bietet der Handelskonzern den Lieferanten per Extranet einen direkten Web-Zugriff auf das konzerneigene Data Warehouse. Ziel ist es hierbei, rund 1.000 Unternehmen schneller und besser über die Bewegung ihrer Waren und die Bewertung ihrer Leistung bei Real, Extra sowie Cash+Carry zu informieren.

Konkret ermöglicht Metro Link den Lieferanten einen tagesgenauen Blick auf den Abverkauf ihrer Produkte bis hinunter auf Marktebene sowie auf die Bestände bei Metro. Die Industrie kann sich in kritischen Situationen, etwa beim Unterschreiten von Mindestbeständen, automatisch informieren lassen. Des Weiteren können sich Lieferanten über die durch eine Promotion erzielte Umsatzsteigerung Klarheit verschaffen. Nicht zuletzt ermöglicht die Lieferanten-Scorecard ein Benchmarking (= Vergleich mit den jeweils besten Lieferanten) von der Termintreue der Lieferungen bis hin zu Bestandslücken. Dort können die Lieferanten erfahren, wo sie im Verhältnis zu ihren Mitbewerbern bezogen auf eine Warengruppe und eine Metro-Vertriebslinie stehen.

Quelle: Rode, J.: Informationen für bessere Geschäfte, in: LebensmittelZeitung, Nr. 30 vom 23.07.2004, S. 25.

5.5 Kombination von Strategien

Nunmehr gilt es, die vorgestellten Strategiemodule in einer sog. Strategiebox zu kombinieren und damit ein Strategieprofil zu entwickeln (vgl. Abb. 40). Da sich Strategien horizontal (= auf einer Ebene) und/oder vertikal (= auf mehreren Ebenen) gegenseitig ausschließen (**Strategieantinomie**) oder ergänzen (**Strategiekomplementarität**) können, muss vor einer weiteren Konkretisierung eine interne Konsistenzprüfung durchgeführt werden.

Abb. 40 zeigt das Strategieprofil eines Kostenführers, der konsequenterweise eine undifferenzierte Marktabdeckung kombiniert mit einer Preis-Mengen-Strategie verfolgt. Dabei sollen bisherige Märkte intensiver durchdrungen und gleichzeitig der Weltmarkt im Zuge einer Globalisierungsstrategie erschlossen werden. Während im horizontalen Wettbewerb konfliktär (= Verdrängungsstrategie) agiert wird, bevorzugt man auf der vertikalen Ebene eine Kooperationsstrategie (= Efficient Consumer Response).

Abb. 40: Die Strategie-Box

Marktfeld-strategien	Markt-durchdringung	Markt-entwicklung	Produkt-entwicklung	Diversifikation
Marktstimulierungs-strategien	Preis / Mengen-Strategie	Präferenz-strategie		Outpacing
Marktabdeckungs-strategien	Undifferenziert	Differenziert		Spezialisiert
Marktareal-strategien	Lokal Regional National Inter-national Multi-national			Global
Konkurrenzorientierte Strategien	Kosten-führerschaft	Qualitäts-führerschaft		Fokussierung
Horizontale Wettbewerbs-strategien	Verdrängung			Koordination
Vertikale Wettbewerbs-strategien	Bargaining			Efficient Consumer Response

Quelle: in Anlehnung an Becker (2001, S. 352).

5.6 Kontrollaufgaben

Aufgabe 5.1: Typen von Marketing-Basisstrategien

Ordnen Sie den folgenden Marketing-Basisstrategien die entsprechenden Strategietypen zu!

(1) Fokussierung, (2) Horizontale strategische Partnerschaften, (3) Kostenführerschaft, (4) Marktarealstrategie, (5) Marktfeldstrategie, (6) Marktparzellierung, (7) Marktreduzierungsstrategie, (8) Marktstimulierung, (9) Qualitätsführerschaft, (10) Vertikale strategische Partnerschaften

- Kundenorientierte Strategien: ....

- Konkurrenzorientierte Strategien: ....

- Unternehmensübergeifende Strategien: ....

Aufgabe 5.2: Marktfeldstrategien von Ansoff

Markieren Sie, ob die folgenden Aussagen richtig oder falsch sind!

Ein Unternehmen kann den Umsatz bisheriger Produkte auf bestehenden Märkten steigern, indem es z.B. die Kommunikationsaktivitäten verstärkt.

Richtig ☐   Falsch ☐

Wenn ein Unternehmen ein stark modifiziertes Produkt auf einem neuen Markt einführt, spricht man von einer Marktentwicklung.   Richtig ☐   Falsch ☐

Ein völlig neues Produkt auf einem bisher noch nicht bearbeiteten Markt anzubieten bedeutet, eine Diversifikationsstrategie zu verfolgen.

Richtig ☐   Falsch ☐

Unternehmen bedienen sich Diversifikationsstrategien, um bestehende Wachstumsgrenzen zu überwinden und einen Risikoausgleich zu schaffen.

Richtig ☐   Falsch ☐

Die Produktentwicklung zeichnet sich dadurch aus, dass ein Unternehmen ein neues Produkt auf einem angestammten Markt offeriert.

Richtig ☐   Falsch ☐

Bei der Produktvariation verändert man ein Produkt im Zeitablauf und ersetzt damit das bisherige Erzeugnis.   Richtig ☐   Falsch ☐

Bei der Produktvariation bleibt die Ausgangsvariante auch weiterhin bestehen und es werden eine oder mehrere veränderte Versionen zusätzlich angeboten.

Richtig ☐   Falsch ☐

Eine Marktneuheit ist zwar für das Unternehmen neu, existiert aber in ähnlicher Form bereits auf dem Markt.   Richtig ☐   Falsch ☐

Ansoff entwickelte die Produkt-Markt-Matrix in den sechziger Jahren, wo nahezu alle Branchen geringe Wachstumsraten verzeichneten.

Richtig ☐   Falsch ☐

Das Nutzenpotential der Produkt-Markt-Matrix von Ansoff ist in stagnierenden bzw. degenerativen Märkten eingeschränkt.   Richtig ☐   Falsch ☐

Aufgabe 5.3: Diversifikationsstrategien

Füllen Sie die Lücken im Text mit den richtigen Begriffen aus!

Bei der .... erweitert ein Unternehmen das Leistungsspektrum auf der gleichen Wirtschaftsstufe durch verwandte Produkte. Im Zuge einer .... wird das Leistungsangebot auf vor- bzw. nachgelagerte Wertschöpfungsstufen ausgedehnt. Erwirbt beispielsweise ein Hersteller einen Zulieferbetrieb, spricht man von .... Gründet er hingegen ein Factory Outlet, handelt es sich um

eine Form der .... Bei der ....
.... schließlich besteht keinerlei Beziehung zum
bisherigen Leistungsangebot.

Aufgabe 5.4: Marktstimulierungsstrategien

Markieren Sie, ob die folgenden Aussagen richtig oder falsch sind!

Ein Produkt in der "Stuck-in-the-Middle"-Position weist weder eine geringe Leistung noch einen besonders günstigen Preis auf.   Richtig ☐   Falsch ☐

Wenn ein hervorragendes Produkt zu einem hohen Preis angeboten wird, liegt eine Vorteilsstrategie vor.   Richtig ☐   Falsch ☐

Im Zuge der Präferenz-Strategie bauen Unternehmen eine Premiummarke auf.
          Richtig ☐   Falsch ☐

Die Strategie, ein geringwertiges Produkt zu einem hohen Preis zu offerieren, macht keinen Sinn, wenn ein Unternehmen entweder eine Monopolstellung innehat oder seinen Marktanteil reduzieren bzw. einen Markt verlassen will.
          Richtig ☐   Falsch ☐

Bei der Preis/Mengen-Strategie wird das Produkt zu einem geringen Preis angeboten, um große Mengen absetzen und dadurch Stückkosteneinsparungen aufgrund von Erfahrungskurveneffekten realisieren zu können.
          Richtig ☐   Falsch ☐

Ein herausragendes Produkt sehr günstig anzubieten, birgt die Gefahr in sich, dass der Anbieter aufgrund der entsprechend hohen Produktionskosten Verluste erwirtschaftet.   Richtig ☐   Falsch ☐

Die Vorteils-Strategie eignet sich für zeitlich begrenzte Verkaufsförderungsaktionen sowie für einen Angriff auf Konkurrenten mit Preis/Mengen-Positionierung.   Richtig ☐   Falsch ☐

Nach Porter sind langfristig nur die Präferenz- sowie die Preis/Mengen-Strategie sinnvoll.   Richtig ☐   Falsch ☐

Die Outpacing-Strategie verwirft die Annahme, dass jeder Konsument hohe Qualität zu einem niederen Preis präferiert.   Richtig ☐   Falsch ☐

Die Qualitätsbezogenheit der Preisinformation bezeichnet das Phänomen, dass ein hoher Preis dem Konsumenten eine (vermeintlich) hohe Qualität signalisiert.   Richtig ☐   Falsch ☐

Den Überlegungen der Outpacing-Strategie folgend wird Produkten mit hoher Qualität und hohem Preis der größte Erfolg beschieden sein.
          Richtig ☐   Falsch ☐

Unternehmen, die eine Wettlaufstrategie verfolgen, werden zunächst die Qualität ihrer Produkte steigern und anschließend Kosteneinsparungen anvisieren oder aber in umgekehrter Reihenfolge agieren. Richtig ☐ Falsch ☐

Aufgabe 5.5: Präferenzstrategie

Füllen Sie die Lücken im Text mit den richtigen Begriffen aus!

(1) Exklusiven, (2) flächendeckenden, (3) Kostenführerschaft, (4) Öffentlichkeitsarbeit, (5) Position, (6) Premiummarke, (7) repräsentativen, (8) selektiven, (9) Werbung

Für eine erfolgreiche Präferenzstrategie ist es notwendig, für das Produkt eine .... aufzubauen, durch umfangreiche .... den Bekanntheits- und Vertrautheitsgrad zu steigern und einen .... oder zumindest .... Vertrieb aufzubauen, um die Besonderheit des Erzeugnisses zu gewährleisten.

Aufgabe 5.6: Marktparzellierungsstrategien

Markieren Sie, ob die folgenden Aussagen richtig oder falsch sind!

Beim undifferenzierten Marketing wird mit einem standardisierten Angebot und einem einheitlichen Marketing-Programm der gesamte Markt abgedeckt.
Richtig ☐ Falsch ☐

Beim differenzierten Marketing wird mit einem differenzierten Angebot ein Teil des Marktes abgedeckt. Richtig ☐ Falsch ☐

Im Zuge des selektiv-differenzierten Marketing wird ein Partialmarkt mit einem differenzierten Angebot bearbeitet. Richtig ☐ Falsch ☐

Beim Mass Customizing werden normalerweise differenzierte Produkte mit Hilfe neuer Informations- und Produktionstechnologien standardisiert.
Richtig ☐ Falsch ☐

Im Zuge der Marktsegmentierung wird ein großer, heterogener Markt in kleinere Teilmärkte unterteilt, die in Hinsicht auf die Kundenbedürfnisse ins sich möglichst heterogen und untereinander möglichst homogen sind.
Richtig ☐ Falsch ☐

Beim „Segment-of-One-Marketing" bildet jeder Kunde ein eigenes Segment und erhält eine individuelle Unternehmensleistung Richtig ☐ Falsch ☐

Aufgabe 5.7: Marktarealstrategien

Markieren Sie, ob die folgenden Aussagen richtig oder falsch sind!

Die Marktarealstrategie legt fest, welche Zielgruppe bearbeitet werden soll.

Richtig ☐   Falsch ☐

Internationalisierung bietet Unternehmen die Möglichkeit, Erfahrungskurveneffekte zu erschließen.

Richtig ☐   Falsch ☐

Unternehmen schränken durch Internationalisierung generell ihren Preisspielraum ein.

Richtig ☐   Falsch ☐

Im Zuge einer multinationalen Marktarealstrategie wird der Weltmarkt bearbeitet.

Richtig ☐   Falsch ☐

Hoffnungsmärkte weisen eine hohe Attraktivität, aber gleichzeitig auch hohe Eintrittsbarrieren auf.

Richtig ☐   Falsch ☐

Standardisierung in seiner extremsten Form bedeutet, dass unterschiedliche Produkte und Dienstleistungen zu einheitlichen Preisen sowie Konditionen über gleiche Distributionskanäle unter Einsatz des gleichen Kommunikationsinstrumentariums vertrieben werden.

Richtig ☐   Falsch ☐

Die Divergenzthese besagt, dass sich die Bedürfnisse und das Verhalten der Verbraucher weltweit immer stärker annähern.

Richtig ☐   Falsch ☐

Die Strategie der internationalen Standardisierung basiert auf der Divergenzthese.

Richtig ☐   Falsch ☐

Differenzierung basiert auf der Maxime: „All Business is Local.".

Richtig ☐   Falsch ☐

Aufgabe 5.8: Timing des Markteintrittszeitpunkts

Markieren Sie, ob die folgenden Aussagen richtig oder falsch sind!

Im Zuge der Sprinklerstrategie werden möglichst viele Märkte simultan oder in kurzer Zeit erschlossen.

Richtig ☐   Falsch ☐

Die Sprinklerstrategie ermöglicht es, die Markteintrittsrisiken auf mehrere Ländermärkte zu verteilen.

Richtig ☐   Falsch ☐

Die Sprinklerstrategie senkt das Risiko von Fehlinvestitionen.

Richtig ☐   Falsch ☐

Im Rahmen der Wasserfallstrategie tritt ein Unternehmen simultan in die einzelnen Auslandsmärkte ein.

Richtig ☐   Falsch ☐

Die Wasserfallstrategie begrenzt das Risiko von Fehlinvestitionen.

Richtig ☐   Falsch ☐

Aufgabe 5.9: Markteintritt

Markieren Sie, ob die folgenden Aussagen richtig oder falsch sind!

Der Export bildet häufig den Ausgangspunkt der Internationalisierung von Unternehmen.   Richtig ☐   Falsch ☐

Im Falle des indirekten Exports beliefert der nationale Hersteller ausländische Wiederverkäufer und/oder Endverbraucher unter Ausschluss inländischer Exportzwischenhändler.   Richtig ☐   Falsch ☐

Beim Lizenzvertrag erwirbt ein ausländischer Lizenzgeber die Befugnis, gewerbliche Rechte eines inländischen Lizenznehmers zu nutzen.

Richtig ☐   Falsch ☐

Franchising ist eine Weisungs- und Kontrollbefugnisse umfassende Form der Lizenzierung.   Richtig ☐   Falsch ☐

Vorteile des Franchising bestehen darin, dass das Unternehmen selbst keine Filialen aufbauen muss und seine eigene Marketing-Konzeption dennoch einheitlich durchsetzen kann.   Richtig ☐   Falsch ☐

Der Vorteil einer Lizenzvergabe besteht darin, Erfahrungen auf einem fremden Markt zu sammeln, ohne durch hohe Investitionen im Ausland Risiken einzugehen.   Richtig ☐   Falsch ☐

Wird ein Auslandsmarkt in Form von Niederlassungen erschlossen, handelt es sich um eine Direktinvestition.   Richtig ☐   Falsch ☐

Als Gründe für den Verzicht auf Direktinvestitionen auf ausländischen Märkten sind u.a. die Neutralisierung von Währungsschwankungen, Kosten- und Steuervorteile, die Überwindung von Importbarrieren sowie die Möglichkeit der Erlangung eines inländischen Images zu nennen.   Richtig ☐   Falsch ☐

Aufgabe 5.10: Institutionelle Umsetzung der Marktausweitung

Füllen Sie die Lücken im Text mit den richtigen Begriffen!

Beim .... verkauft das Unternehmen seine Produkte selbst im Ausland, während beim .... Zwischenhändler, welche schon bestehende Distributionskanäle nutzen, diese Aufgabe übernehmen.

Aufgabe 5.11: Franchising

Füllen Sie die Lücken im Text mit den richtigen Begriffen! Entscheiden Sie hierbei jeweils zwischen „Nehmer" und „Geber"!

Der Franchise- .... verkauft dem Franchise- .... bestimmte Rechte.

Der Franchise- .... erhält Zugriff auf bestehendes Know-how.

Im Gegenzug muss der Franchise- .... im Sinne des Franchise- ....
handeln und die erhaltenen Leistungen durch eine Franchise-Gebühr entgelten.

Der Franchise- .... kann sein Absatzgebiet mit vergleichsweise geringem Aufwand ausdehnen.

Der Franchise- .... erhält mitunter auch eine Anschubfinanzierung.

Aufgabe 5.12: Konkurrenzorientierte Strategien

Markieren Sie, ob die folgenden Aussagen richtig oder falsch sind!

Die konkurrenzorientierten Strategien basieren auf der Überlegung, dass neben den Bedürfnissen der derzeitigen und potentiellen Kunden auch die Wettbewerber in die strategischen Überlegungen einzubeziehen sind.

Richtig ☐   Falsch ☐

Wettbewerbsstrategien berücksichtigen ausschließlich horizontale Konkurrenzbeziehungen.   Richtig ☐   Falsch ☐

Horizontaler Wettbewerb kann nur zwischen etablierten Konkurrenten entstehen.   Richtig ☐   Falsch ☐

Unternehmen befinden sich in einem vertikalen Wettbewerb mit vorgelagerten Lieferanten und nachgelagerten Kunden im Kampf um Marktanteile in der Wertschöpfungskette.   Richtig ☐   Falsch ☐

Porter unterstellt in seinem Konzept der konkurrenzorientierten Strategien eine linear positive Beziehung zwischen ROI und relativem Marktanteil.

Richtig ☐   Falsch ☐

Die Wettbewerbsstrategien von Porter repräsentieren keine eigenständige strategische Dimension, sondern eine Art Perspektivenwechsel in Bezug auf die abnehmerorientierten Strategien.   Richtig ☐   Falsch ☐

Die Wettbewerbsstrategien von Porter weisen unübersehbare Ähnlichkeiten zu den Wachstumsstrategien von Ansoff auf.   Richtig ☐   Falsch ☐

Aufgabe 5.13: Kostenführerschaft

Markieren Sie, ob die folgenden Aussagen richtig oder falsch sind!

Kostenführerschaft lässt sich ausschließlich durch Erfahrungskurveneffekte erzielen. Richtig ☐ Falsch ☐

Kostenführerschaft schließt die Gefahr eines ruinösen (Preis-)Wettbewerbs generell aus. Richtig ☐ Falsch ☐

Im Falle der Kostenführerschaft fragt der Kunde das Produkt aufgrund seines günstigen Preises und nicht wegen der hohen Qualität nach. Richtig ☐ Falsch ☐

Kostenführer ziehen in erster Linie Kunden an, die billig einkaufen wollen. Dauerhaft lassen sich solche Käufer nur schwerlich binden. Richtig ☐ Falsch ☐

Die Kunden werden durch den niedrigen Preis stärker an das Produkt gebunden. Richtig ☐ Falsch ☐

Im Falle der Kostenführerschaft erlauben die niedrigen Kosten einen entsprechend niedrigen Produktpreis. Dadurch lassen sich relativ schnell viele Erzeugnisse absetzen und große Marktanteile gewinnen. Richtig ☐ Falsch ☐

Der niedrige Preis im Rahmen einer Kostenführerschaft schreckt potentielle Wettbewerber ab. Er wirkt somit als Markteintrittsbarriere. Richtig ☐ Falsch ☐

Bei einem niedrigen Preis kann der Hersteller gänzlich auf Qualität verzichten. Richtig ☐ Falsch ☐

Ein Unternehmen ist nur dann Qualitätsführer, wenn der Grundnutzen eines angebotenen Produktes den Erzeugnissen der Mitbewerber überlegen ist. Richtig ☐ Falsch ☐

Ein Vorteil der Qualitätsführerschaft besteht darin, dass der hohe Preis potentielle Konkurrenten vom Markteintritt abhält. Richtig ☐ Falsch ☐

Ein möglicher Nachteil der Qualitätsführerschaft liegt in der Nichtansprache preisbewusster Zielgruppen. Richtig ☐ Falsch ☐

Qualitätsführerschaft birgt ein hohes Kundenbindungspotential in sich. Richtig ☐ Falsch ☐

Fokussierung und Qualitätsführerschaft schließen sich gegenseitig aus. Richtig ☐ Falsch ☐

Fokussierung und Kostenführerschaft schließen sich gegenseitig aus. Richtig ☐ Falsch ☐

Bearbeitet ein Unternehmen nur einen Teilmarkt als Kosten- und Qualitätsführer, spricht man von einer Fokussierungsstrategie.   Richtig ☐   Falsch ☐

Der Nachteil der Fokussierungsstrategie liegt darin, dass eine Marktnische schnell „wegbrechen" kann, was für ein nicht diversifiziertes Unternehmen unter Umständen den Ruin bedeutet.   Richtig ☐   Falsch ☐

Fokussierung bedeutet, sich auf den Gesamtmarkt zu konzentrieren.
                                                      Richtig ☐   Falsch ☐

Aufgabe 5.14: Unternehmensübergreifende Strategien

Markieren Sie, ob die folgenden Aussagen richtig oder falsch sind!

Das Spektrum der Beziehungen zwischen Marktpartnern reicht von konfliktär über neutral bis hin zu kooperativ.   Richtig ☐   Falsch ☐

Konfliktstrategien basieren auf der Annahme eines Nullsummenspiels zwischen den Marktpartnern.   Richtig ☐   Falsch ☐

Zu den konfliktären Strategien zählt auf der vertikalen Ebene die Verdrängung von Wettbewerbern durch beispielsweise Preisunterbietungsstrategien.
                                                      Richtig ☐   Falsch ☐

Im Zuge von Kooperationen verabschiedet man sich von den Überlegungen einer Win-Win-Strategie.   Richtig ☐   Falsch ☐

Kooperationen können nur zwischen Unternehmen auf derselben Wirtschaftsstufe eingegangen werden.   Richtig ☐   Falsch ☐

Im Rahmen vertikaler Kooperationen arbeiten Unternehmen, die eigentlich miteinander konkurrieren, partnerschaftlich zusammen.   Richtig ☐   Falsch ☐

Auch Lieferanten können mit ihren Abnehmern Kooperationen eingehen.
                                                      Richtig ☐   Falsch ☐

6 Produkt-, Programm- sowie Sortimentspolitik

| Lernziele | **Dieses Kapitel vermittelt:** |

- was man unter Produkt-, Programm- und Sortimentspolitik versteht,
- aus welchen Komponenten ein Produkt besteht,
- wie sich Leistungskern, Verpackung, Markierung und flankierende Serviceleistungen konkret ausgestalten lassen,
- nach welchen Kriterien ein Angebotsprogramm bzw. Sortiment strukturiert werden kann und
- wie sich ein solches verändern lässt.

6.1 Überblick

Der Produkt-, Programm- und Sortimentspolitik fällt die Aufgabe zu, das Leistungsangebot eines Unternehmens marktgerecht zu gestalten. Die Angebotspalette von Herstellern bzw. Dienstleistungsunternehmen bezeichnet man als Produkt- bzw. Angebotsprogramm, während sich bei Handelsunternehmen der Begriff Sortiment etabliert hat.

Aus der Perspektive des Marketing stellt ein Produkt, eine Leistung bzw. ein Sortiment ein Bündel aus nutzenstiftenden Eigenschaften dar. Der produktpolitische Gestaltungsspielraum umfasst dabei die folgenden vier **Dimensionen**, die sich gegenseitig beeinflussen (vgl. im Folgenden Bruhn 2001, S. 125 - 166; Meffert 2000, S. 327 - 481; Nieschlag/Dichtl/Hörschgen 2002, S. 665 - 683; Pepels 2000, S. 370 - 452):

- Leistungskern, der sich aus Kernprodukt und Produktäußerem zusammensetzt,
- Verpackung,
- Markierung und
- flankierende (Sekundär-)Serviceleistungen.

6.2 Produktpolitische Gestaltungsdimensionen

6.2.1 Leistungskern

Aus der Marketingperspektive stellt ein Produkt, eine Leistung bzw. ein Sortiment ein Bündel aus nutzenstiftenden Eigenschaften dar. Hierbei lässt sich grundsätzlich zwischen Grund- und Zusatznutzen differenzieren (vgl. Vershofen 1940). Der Grundnutzen bezieht sich auf die objektiven, stofflich-technischen Merkmale eines Produktes (sog. substantieller Produktbegriff). Im Falle eines Pkws ist dies die schnelle, bequeme und sichere Fortbewegung von Menschen und Gütern. Zusatznutzen stiftet ein Produkt dann, wenn es über die Grundfunktion hinausreichende ästhetische, soziale und/oder Selbstverwirklichungsbedürfnisse befriedigt (sog. generischer Produktbegriff). Beispielsweise gefällt ein PKW durch sein attraktives Design, ermöglicht Fahrspaß bzw. umweltbewusstes Verhalten oder verhilft zu Prestige.

6.2.2 Verpackung

Als Verpackung bezeichnet man die Gesamtheit der Materialien, die das zu verpackende Gut, das sog. Packgut, umhüllen. Im Wesentlichen erfüllt die Verpackung folgende **Funktionen** (vgl. Rivinius 2001, S. 1783 - 1784; Stabernack 1998):

- **Schutzfunktion**

  Die Verpackung gewährleistet Haltbarkeit, Hygiene, Qualität und Unversehrtheit.

- **Distributionsfunktion**

  Die Verpackung macht Waren transport- sowie lagerfähig und garantiert eine langfristige Bedarfsdeckung.

- **Informations- und Kommunikationsfunktion**

  Die Verpackung informiert zum einen über Mindesthaltbarkeitsdatum, Ingredienzien, Gewicht, Preis und technische Daten (etwa EAN-Code oder Sicherheitsvorschriften). Zum anderen differenziert sich das Produkt von Wettbewerbsangeboten und kommuniziert die Werbebotschaft am Point-of-Sale.

- **Conveniencefunktion**

  Die Verpackung erleichtert den Ge- und Verbrauch des Produkts durch Eigenschaften wie Wiederverschließbarkeit, Zweitnutzen (etwa Senfglas zu einem späteren Zeitpunkt als Bierglas), Präsentationseinheit, Portionierbarkeit und einfache Handhabbarkeit des Produktes.

- **Markierungsfunktion**

  Die Verpackung bildet gemeinsam mit dem Produkt die visualisierte Markenpersönlichkeit, sie ist Ausdruck der Identität einer Marke.

6.2.3 Markierung

6.2.3.1 Charakteristika von Markenartikeln

Markierung bezeichnet die sichtbare Kennzeichnung eines Produkts bzw. einer Dienstleistung mit einem Namen, Aufdruck, Symbol, Design oder einer Kombination aus diesen Merkmalen. Sie dient dazu, das Produkt- oder Leistungsangebot eines Anbieters zu kennzeichnen und von der Konkurrenz abzuheben (vgl. im Folgenden Bruhn 1994; Esch 1999; Unger 1986). Die Markierung stellt ein zentrales Charakteristikum von Markenartikeln dar. Weitere **Kennzeichen** sind:

- temporär konstante Aufmachung, Qualität und Menge,
- hohe Qualität und Innovationskraft,
- hoher Bekanntheitsgrad,
- weite Verbreitung/Verkehrsgeltung bzw. Überallerhältlichkeit (sog. Ubiquität) sowie
- intensive Werbeaufwendungen.

6.2.3.2 Varianten von Markenartikeln

Bei Markenartikeln lassen sich grundsätzlich Herstellermarken, klassische Handelsmarken und Gattungsmarken, die als spezifische Form der Handelsmarke gelten, unterscheiden (vgl. im Folgenden Bruhn 1997, S. 10 - 17). Die Herstellermarke (englisch: Manufacturer Brand) wird vom Erzeuger konzipiert. Gemäß ihrer Positionierung lassen sich **drei Kategorien von Herstellermarken** unterscheiden:

- **Premium-Herstellermarken**

  Diese zeichnen sich sowohl hinsichtlich des Preisniveaus als auch hinsichtlich der Qualität durch eine Spitzenposition aus, wobei Prestigeaspekte eine zentrale Rolle spielen. Typische Vertreter sind bekannte Champagnermarken, Parfüms sowie Textilprodukte.

- **Klassische Herstellermarken**

  Sie beanspruchen für sich die Position des Marktführers und sind durch eine hohe Distributionsquote, stetige Innovations- bzw. Relaunch-Zyklen (vgl. zum Relaunch Abschnitt 2.2.2), intensive Werbung sowie hohes

Stammkäuferpotential charakterisiert. Beispiele sind Marken wie Persil und Mars.

- **Zweit- und Dritt-Herstellermarken**

  Sie weisen im Vergleich zu den klassischen Herstellermarken einen geringeren Distributionsgrad, längere Innovations- bzw. Relaunch-Zyklen, geringere werbliche Unterstützung und damit einen geringeren Bekanntheitsgrad auf. Infolge ihrer weniger stark ausgeprägten Profilierung stehen sie im direkten Wettbewerb mit den klassischen Handelsmarken.

Handelsmarken (englisch: Private Brand, Store Brand, Distributor Brand, Private Label) sind Waren- oder Firmenkennzeichen, mit denen Handelsbetriebe Waren versehen oder versehen lassen, wodurch sie als Eigner oder Dispositionsträger der Marke auftreten. Konsequenterweise verfügen Handelsmarken über einen auf das jeweilige Handelsunternehmen oder die Handelsgruppe begrenzten Distributionsgrad. Das Spektrum der Handelsmarken reicht von der Premium-Handelsmarke über die klassische Handelsmarke bis zur Discount-Handelsmarke.

Gattungsmarken (No Names, No Frills, Weiße Marken oder - in der Pharmabranche - Generica) sind markenlose Produkte und gelten als Spezialform des Handelsmarke. Sie wurden Mitte der 70er Jahre geschaffen und dienen der Abwehr der Discounter, weshalb sie fast ausschließlich im Lebensmittelhandel anzutreffen sind. Typische Vertreter sind die Sparsamen von Spar oder A&P von Tengelmann.

Kennzeichen von Gattungsmarken, deren Marketing von Handelsunternehmen bzw. Handelsgruppen konzipiert und gesteuert wird, sind:

- Einfache Verpackung, die nur die Produktbezeichnung trägt und Preiswürdigkeit signalisieren soll
- Nach der Einführung schwache Werbung, um Kosten gering zu halten
- Hohe bis mittlere sowie gleich bleibende Qualität
- Günstiger Preis

Um Marken aufzubauen und zu pflegen, bieten sich unterschiedliche Strategien an. Zu den wichtigsten **Varianten** zählen (vgl. im Folgenden Meffert 2000, S. S. 856 - 869; Stender-Monhemius 2002, S. 130 - 134):

- **Einzelmarkenstrategie (auch Solitärmarkenstrategie)**

  Hier werden für einzelne Produkte einzelne, unterschiedliche Marken entwickelt. Die Herkunft des einzelnen Produktes wird nicht werblich herausgestellt. Demnach erfahren die Verbraucher nicht, dass die unterschiedlichen Markenartikel von einem einzigen Anbieter stammen. Beispiele sind:

o Ferrero mit Nutella, Duplo, Raffaelo etc.

o Procter & Gamble mit Ariel, Meister Proper, Pampers

- **Mehrmarkenstrategie (auch Multimarkenstrategie)**

  Hier entwickelt ein Anbieter für einzelne Produktkategorien unterschiedliche Marken, die sich gleichzeitig an ähnliche Marktsegmente richten. Solche Strategien sind vor allem in stark gesättigten Märkten (z.b. Waschmittel- und Zigarettenmarkt) zu beobachten. Beispiele sind:

  o Henkel mit den Waschmitteln dato, fewa, Persil, Perwoll, saptil, Sil, Spee, Vernell, Weißer Riese

  o Philip Morris mit Zigarettenmarken wie Marlboro, Merit etc.

- **Markenfamilienstrategien**

  Hier wird eine einheitliche Markenbezeichnung in den Vordergrund einer Produktgruppe gestellt. Darunter werden dann verschiedene Einzelprodukte angeboten. Beispiel hierfür ist die aus dem Hause Beiersdorf stammende Marke Nivea mit den Familienmitgliedern Nivea Haircare, Nivea Visage, Nivea Beauté, Nivea Men etc.

- **Dachmarkenstrategien**

  Hier wird der Firmenname mit sämtlichen angebotenen Produkten eines Unternehmens verbunden. Der Unternehmensname gilt als Dachmarke, selbst dann, wenn sehr unterschiedliche Leistungsangebote im Markt vertreten sind. Typische Vertreter dieser Strategie sind Automobilhersteller wie Porsche, Renault und Volvo oder Nahrungsmittelhersteller wie Pfanni.

Fallstudie	**Markenstrategiewechsel - das Beispiel Melitta**

Das Mindener Unternehmen Melitta begann als Produzent von Filterpapier für Kaffee. Im Laufe der Jahre wurde kontinuierlich um die Kompetenzfelder „Kaffee" und „Filterpapier" diversifiziert, so dass mit der Zeit ein zunehmend größeres Produkt-Portfolio entstand. Da diese Produkte in einem immer schwächeren Zusammenhang zueinander standen, aber weiterhin unter der Dachmarke „Melitta" angeboten wurden, führte dies im Laufe der Jahre zu einer Markenerosion, d.h. das Markenprofil wurde immer diffuser.

Dieser Fehlentwicklung steuerte das Unternehmen entgegen, indem von einer Dachmarken- auf eine Markenfamilienstrategie umgestellt wurde. Die Marke Melitta bleibt nunmehr den Produkten der Kaffeezubereitung vorbehalten, wohingegen die anderen Produkte des Hauses zu vier Markenfamilien gruppiert wurden (vgl. Abb. 41).

Quelle: Körfer-Schün (1990).

Abb. 41: Strategische Geschäftsfelder, Produkte und Marken bei Melitta

Geschäftsfelder	Produkte	Marken
Kaffeegenuss	• Kaffee • Filterpapier • Kaffeeautomaten • Kaffeefilter	Melitta
Teegenuss	• Teefilter • Teefiltersystem	Cilia
Frische und Geschmack	• Lebensmittelfolien zum Frischhalten, Einfrieren, Backen und Braten	Toppits
Praktische Sauberkeit	• Staubsaugerbeutel • Müllbeutel • Dunstbeutel	swirl
Bessere Wohnumwelt	• Luftreiniger • Luftbefeuchter	aclimat

Abb. 42 fasst die wesentlichen Vor- und Nachteile der vorgestellten Marken-strategien zusammen.

Abb. 42: Vor- und Nachteile ausgewählter Markenstrategien

Strategie	Vorteile	Nachteile
Einzelmarkenstrategie	• Möglichkeit individueller Positionierung • Befriedigung zielgruppenspezifischer Bedürfnisse • Keine negativen Ausstrahlungseffekte	• Keine Synergieeffekte (insbesondere bei der Kommunikationspolitik) • Keine positiven Ausstrahlungseffekte

Abb. 42: Vor- und Nachteile ausgewählter Markenstrategien *(Fortsetzung)*

Strategie	Vorteile	Nachteile
Mehrmarkenstrategie	• Möglichkeit der Ansprache unterschiedlicher Zielgruppen • Keine Umsatzverluste im Falle eines internen Markenwechsels	• Zuwachs an Komplexität • Gefahr der Kannibalisierung
Markenfamilien-/ Dachmarkenstrategie	• Schnellere Akzeptanz neuer Produkte • Synergieeffekte • Positive Ausstrahlungseffekte	• Möglichkeit negativer Ausstrahlungseffekte • Keine Möglichkeit einer individuellen Positionierung

(Quelle: Meffert 2000, S. 860 sowie 866)

Im Zuge einer **Markentransferstrategie** schließlich werden Imagekomponenten von der Hauptmarke eines bestehenden Produktbereichs auf das Transferprodukt einer neuen Warengruppe übertragen (vgl. im Folgenden Meffert 2000, S. 865 - 869; Stender-Monhemius 2002, S. 134). Beispiele für eine solche Strategie sind:

• Der Transfer von den Tabakmarken Camel und Marlboro auf Bekleidung, Schuhe und Accessoires
• Der Transfer der Reisemarke Club Méditerranée auf Freizeit- und Kosmetikartikel, Brillen etc.

Abb. 43: Vor- und Nachteile der Markentransferstrategie

Vorteile	Nachteile
• Geringe Kosten für Markenbildung • Geringe Flopgefahr und Markteintrittsbarrieren • Kognitive Entlastungen beim Markenwahlprozess, da Konsumenten ihre positiven Erfahrungen mit dem Hauptprodukt auf das Transferprodukt übertragen • Stärkung der Stamm-Marke durch Image-Rücktransfer von der Transfermarke (etwa positive Ausstrahlung des Erfolgs der Transfermarken Mövenpick-Eis und -Kaffee auf das Restaurant- und Hotelgeschäft) • Umgehung von Werbeverboten bei der Stammmarke durch Werbung mittels der Transfermarke (etwa im Falle von Zigaretten)	• Verlust der Markenidentität, falls Stamm- und Transfermarke unterschiedliche Zielgruppen ansprechen • Glaubwürdigkeitsverlust der Marke im Falle zu vieler unterschiedlicher Imagetransfers

6.2.4 Flankierende Serviceleistungen

Serviceleistungen sind Zusatzleistungen, die auf die (Rück-)Gewinnung und/oder Bindung von Kunden abzielen (vgl. im Folgenden Meffert/Bruhn 1997; Meyer 1998, S. 193 - 212; Biermann 2003, S. 61 - 112; Pepels 1995). Diese lassen sich anhand von **zwei Dimensionen** klassifizieren (vgl. hierzu Abb. 44):

- **Art der Leistung**

  Hier kann zwischen kaufmännischen und technischen Serviceleistungen unterschieden werden.

- **Zeitpunkt der Leistungserstellung**

  Serviceleistungen können vor, während und nach dem Kauf angeboten werden.

Im Zuge des Servicemanagement gilt es nicht zuletzt festzulegen, ob Serviceleistungen kostenneutral bzw. -los oder gewinnbringend angeboten werden sollen. In letzterem Fall müssen bei der Kalkulation der Serviceleistungen Aspekte der Mischkalkulation und Preisbündelung ins Kalkül gezogen werden (vgl. hierzu Abschnitt 7.3.3).

Abb. 44: Arten von Serviceleistungen

Zeitpunkt der Leistungserstellung Art der Leistung	Pre-Sales-Services	After-Sales-Services
Kaufmännischer **Service**	• Kaufberatung • Erstellung eines Kosten-voranschlages • Bestellmöglichkeit per Brief, Internet	• Gebrauchsanweisungen • Zustelldienst • Produktschulung • Telefon-Hotline • Über die gesetzliche Gewähr-leistungspflicht hinausge-hende Garantieleistungen
Technischer **Service**	• Technische Beratung • Testlieferungen • Projektierung von Anlagen	• Installation • Wartung, Reparaturen • Erweiterungen, Umbauten • Ersatzteilservice • Demontage alter Anlagen • Redistribution, Rücknahme-leistungen

Quelle: Bänsch (1998a, S. 128; Becker 2001, S. 114).

6.3   Programm- und sortimentspolitische Gestaltungs-
dimensionen

6.3.1   Umfang und Struktur

Die programmpolitische Grundorientierung besagt, welche Gemeinsamkeiten sämtliche Leistungen eines Unternehmens prägen. Bei der Ausrichtung ihres Leistungsangebots orientieren sich **Hersteller** an folgenden **Kriterien** (vgl. im Folgenden Nieschlag/Dichtl/Hörschgen 2002, S. 683 - 686):

- **Material**

  Eine Ausrichtung des Produktionsprogramms am Material bietet sich an, wenn die Produktionsanlagen nur auf diese Weise genutzt werden können, ein Unternehmen an die Gewinnung und Veredelung bestimmter Rohstoffe gebunden ist und/oder das Material noch über unausgenutzte Marktchancen verfügt.

- **Problemtreue**

  In diesem Fall richten Unternehmen ihr Leistungsangebot an den Problemen bzw. Bedürfnissen eines bestimmten Abnehmerkreises aus. Beispielsweise dienen die Produkte der Pharmaindustrie dazu, das Problem Krankheit zu bewältigen.

- **Wissenstreue**

  In diesem Fall basiert das Produktionsprogramm auf spezifischem Knowhow. Als Beispiel können Unternehmen der Raumfahrtindustrie angeführt werden.

Ähnlich agieren **Dienstleistungsunternehmen**, die ihre Angebotspalette an den **Problemen ihrer Klientel** (etwa Vermögensberater, Unternehmensberater) und/oder am eigenen **Wissen** (z.B. EDV-Unternehmen) ausrichten.

Handelsunternehmen schließlich lassen sich bei der Ausrichtung ihres Sortiments von folgenden Prinzipien leiten:

- **Material bzw. Herkunft der Güter**

  Beispiele für Handelsunternehmen, deren Angebot auf Material bzw. Herkunft der Güter fokussiert ist, sind Textil-, Eisenwaren- und Möbelgeschäfte.

- **Bedarfskreis**

  Hier werden die Sortimente am Bedarf der Verbraucher ausgerichtet. Beispiele sind Handelsunternehmen, die „Alles für das Kind", „... für die Freizeit", „... für das Haus" etc. anbieten.

- **Niedrige Preislage**

  In diesem Fall zeichnen sich Unternehmen durch eine ausgeprägte Preisorientierung des Sortiments aus (z.B. Discounter, Fachmärkte, Verbrauchermärkte, Versandhandelsunternehmen).

- **Selbstverkäuflichkeit der Ware**

  Hier werden nur Waren angeboten, die verkaufstechnisch als problemlos gelten und sich folglich für Selbstbedienung eignen. Typisch für eine solche Ausrichtung sind die Sortimente von Super- und Verbrauchermärkten, Waren- und Versandhäusern, Selbstbedienungswarenhäusern sowie Warenautomaten.

In diesem Kontext erscheint es zweckmäßig, einen genaueren Blick auf die **Sortimentsstruktur** von Handelsunternehmen zu werfen. Der Sortimentsumfang bezeichnet Größe bzw. Ausdehnung eines Sortiments und lässt sich anhand folgender **Dimensionen** charakterisieren (vgl. hierzu auch Nieschlag/Dichtl/Hörschgen 2002, S. 584 sowie 687; Pepels 2000, S. 462 - 464):

- **Sortimentsbreite**: Diese ergibt sich aus der Anzahl der geführten Produkte.
- **Sortimentstiefe**: Sie wird durch die Anzahl der angebotenen Varianten bzw. Marken pro geführtes Produkt bestimmt.
- **Sortimentsmächtigkeit**: Sie drückt die Anzahl der Stücke pro Sorte/ Position aus.

6.3.2 Veränderung

6.3.2.1 Überblick

Ein Hersteller kann sein Produktprogramm auf folgende Weise verändern:
- Entwicklung neuer Produkte
- Veränderung vorhandener Produkte
- Elimination von Produkten

6.3.2.2 Entwicklung neuer Produkte

Bei der Entwicklung neuer Produkte kann es sich zum einen um Marktneuheiten (= prinzipiell neue Problemlösungen) und zum anderen um Betriebs- und Unternehmensneuheiten (= Problemlösungen, die bereits am Markt vorhandenen Produkten ähnlich sind) handeln.

Ideen für Produktinnovationen fließen grundsätzlich aus **zwei Quellen** (vgl. hierzu auch Thiel 2003):

- **Unternehmensexterne Quellen**, wobei von Endverbrauchern (z.B. durch Beschwerden, Garantiefälle), Absatzmittlern (Groß- und Einzelhandel) und -helfern (etwa Beratungsunternehmen), Konkurrenten, Verbraucherschutzorganisationen, Warentestinstituten, Presseorganen und nicht zuletzt vom Gesetzgeber Anstöße ausgehen können. In diesem Fall spricht man von Market-Pull-Innovation.

- **Unternehmensinterne Quellen**: Hierzu zählen die Grundlagenforschung, Kostenanalysen, das innerbetriebliche Vorschlagswesen, Qualitätszirkel und nicht zuletzt die Marktforschung. Dabei handelt es sich um sog. Technologie-Push-Innovationen.

6.3.2.3 Veränderung vorhandener Produkte

Bei der **Produktmodifikation** wird ein vorhandenes Produkt verändert, wobei zwei Spielarten unterschieden werden (vgl. Meffert 2000, S. 437 - 450; Nieschlag/Dichtl/Hörschgen 2002, S. 709 - 710; Pepels 2000, S. 418 - 428):

- **Produktvariation**

  Hier wird ein Produkt im Zeitablauf verändert und damit das bisherige Erzeugnis ersetzt (z.B. das neue Persil mit optimierter Wirkformel).

- **Produktdifferenzierung**

  Hier bleibt die Ausgangsvariante auch weiterhin bestehen und es werden eine oder mehrere veränderte Versionen zusätzlich angeboten (etwa Coca Cola classic, Coca Cola light, Coca Cola koffeinfrei).

Fallstudie	**Produktdifferenzierung - die Produktpalette von ASPIRIN®**

Das Schmerzmittel Aspirin® wird in folgenden Varianten angeboten:
- ASPIRIN® Effect als Granulat ermöglicht die Einnahme ohne Wasser.
- ASPIRIN® Migräne: Brausetablette für migränebedingte Kopfschmerzen.
- ASPIRIN®-Tablette: das klassische „Kopfschmerzmittel". Als Schlucktablette mit einem Glas Wasser einzunehmen.
- ASPIRIN® Plus C: Brausetabletten mit Vitamin C, die in einem Glas Wasser aufgelöst werden können.
- ASPIRIN® Direkt: Die Kautablette, die ohne Flüssigkeit eingenommen und einfach zerkaut werden kann.
- ASPIRIN® Protect und ASPIRIN® N: Tabletten zur Vorbeugung von Herzinfarkten und Schlaganfällen. Aufgrund der magensaftresistenten Ummantelung ihres Wirkstoffs können die Mittel von den Patienten auch täglich eingenommen werden, natürlich nur nach ärztlicher Verordnung.

- ASPIRIN® Forte: Zur Anwendung bei starken Schmerzen oder Entzündungen. Durch einen Coffein-Zusatz wird eine schnellere und stärkere Wirkung erreicht.

Quelle: www.aspirin.de; Stand: 02.05.2003.

6.3.2.4 Produktelimination

Unter Produktelimination versteht man die Herausnahme eines Produkts aus dem Angebotsprogramm bzw. Sortiment eines Unternehmens (vgl. im Folgenden Bruhn 2001, S. 161 - 163; Meffert 2000, S. 450 - 455; Pepels 2000, S. 422 - 426; Stender-Monhemius 2002, S. 128). Ein wesentlicher Grund für die Notwendigkeit einer Produkteliminierung liegt in der Konkurrenz der unternehmenseigenen Produkte um knappe Ressourcen (z.B. Produktionskapazität, Marketingbudget, Lager- und Regalplatzkapazität, Personal; vgl. Herrmann 1998, S. 545). Quantitative und qualitative Kriterien für die Elimination von Produkten sind in Abb. 45 aufgeführt.

Abb. 45: Quantitative und qualitative Kriterien für die Elimination von Produkten

Quantitative Kriterien	Qualitative Kriterien
• Sinkende/r Umsatz, Absatz, Marktanteil, Deckungsbeitrag, Kapitalumschlag, Rentabilität	• Einführung von besseren Konkurrenz- und/oder Substitutionsprodukten
• Geringer Umsatzanteil	• Negativer Einfluss auf das Unternehmensimage
• Ungünstige Umsatz/Kosten-Relation	• Änderungen in der Bedarfsstruktur der bisherigen Kunden
• Starke Beanspruchung knapper Ressourcen	
• Hoher Anteil an den Komplexitätskosten des Unternehmens	• Entstehung von Kannibalisierungseffekten zwischen den eigenen Produkten
	• Technische Veralterungen
	• Gesetzesänderungen
	• Soziale Faktoren wie die Versorgung der Bevölkerung, die Sicherung von Arbeitsplätzen oder die Belastung der Umwelt

Die angeführten Kriterien sind keinesfalls zwingende Gründe für die Elimination, sondern weisen lediglich auf „eliminierungsverdächtige" Produkte bzw. Artikel hin. Um eine fundierte Entscheidung zu treffen, müssen auch die folgenden **Risiken** einer Produktelimination ins Kalkül gezogen werden:

- Negative Auswirkungen auf das Image bei Kunden und Absatzmittlern sowie -helfern
- Verlust von Verbundeffekten
- Verlust von Synergie- und Erfahrungskurveneffekten
- Stärkung der Konkurrenz

- Nutzungsprobleme bei den nunmehr freigewordenen Kapazitäten
- Fehlerhafte Einschätzung der zukünftigen Entwicklung von Produkten

6.4 Kontrollaufgaben

Aufgabe 6.1: Produkt-, Programm und Sortimentsmanagement

Markieren Sie, ob die folgenden Aussagen richtig oder falsch sind!

Die Angebotspalette von Herstellern und Dienstleistungsunternehmen bezeichnet man als Sortiment. Richtig ☐ Falsch ☐

Der Grundnutzen eines Pkws liegt in der schnellen, bequemen und sicheren Fortbewegung des Fahrers und seiner Begleiter. Richtig ☐ Falsch ☐

Zusatznutzen stiftet ein Produkt dann, wenn es über die Grundfunktion hinausgehende Bedürfnisse befriedigt. Richtig ☐ Falsch ☐

Das aus dem Kauf einer Nobelmarke resultierende Prestige für den Käufer zählt zu den Zusatznutzenkomponenten. Richtig ☐ Falsch ☐

Aufgabe 6.2: Varianten von Markenartikeln

Markieren Sie, ob die folgenden Aussagen richtig oder falsch sind!

Klassische Markenartikel sind u.a. gekennzeichnet durch einen hohen Bekanntheitsgrad und eine geringe Ubiquität. Richtig ☐ Falsch ☐

Die Herstellermarke wird vom Erzeuger konzipiert sowie geführt.
Richtig ☐ Falsch ☐

Herstellermarken dienen aus Sicht des Handels u.a. dazu, die Kunden an das eigene Unternehmen zu binden. Richtig ☐ Falsch ☐

Premium-Herstellermarken nehmen hinsichtlich Qualität und Preisniveau eine Spitzenposition ein, wohingegen das Prestige eine untergeordnete Rolle spielt.
Richtig ☐ Falsch ☐

Die klassische Herstellermarke ist hinsichtlich Preis und Qualität über der Premium-Handelsmarke angesiedelt. Richtig ☐ Falsch ☐

Zweit- und Dritt-Herstellermarken weisen im Vergleich zu den klassischen Herstellermarken einen geringeren Distributionsgrad, längere Innovations- bzw. Relaunch-Zyklen, geringere werbliche Unterstützung und damit einen geringeren Bekanntheitsgrad auf. Richtig ☐ Falsch ☐

„Me-too"-Produkte sind Produkte, die bei Erfolg des Erstanbieters auf den Markt kommen, die sich aber deutlich vom Original-Produkt unterscheiden.
Richtig ☐ Falsch ☐

„Line Extensions" bergen die Gefahr in sich, ursprünglich klar fokussierte Markenkonzeptionen zu verwässern. Richtig ☐ Falsch ☐

Handelsmarken und Ubiquität schließen sich gegenseitig aus. Richtig ☐ Falsch ☐

Handelsmarken dienen aus Sicht der Hersteller u.a. dazu, nicht genutzte Überkapazitäten auszulasten. Richtig ☐ Falsch ☐

Die zusätzliche Produktion von Handelsmarken ermöglicht es Herstellern, Erfahrungskurveneffekte zu realisieren, da die insgesamt produzierte Menge erhöht werden kann. Richtig ☐ Falsch ☐

Handelsmarken dienen aus Sicht des Handels u.a. dazu, die Kundenbindung zu erhöhen. Richtig ☐ Falsch ☐

Handelsmarken sind hinsichtlich Qualität und Preisniveau immer unter den Herstellermarken angesiedelt. Richtig ☐ Falsch ☐

Gattungsmarken sind markenlose Produkte und gelten als Spezialform der Herstellermarke. Richtig ☐ Falsch ☐

Gattungsmarken zeichnen sich u.a. durch einfache Verpackung und günstigen Preis aus. Richtig ☐ Falsch ☐

Aufgabe 6.3: Markenstrategien

Markieren Sie, ob die folgenden Aussagen richtig oder falsch sind!

Im Rahmen einer Einzelmarkenstrategie werden der Produzent und damit die Herkunft des einzelnen Produktes bewusst werblich herausgestellt. Richtig ☐ Falsch ☐

Einzelmarkenstrategien erschweren die Nutzung von Synergieeffekten zwischen den einzelnen Marken. Richtig ☐ Falsch ☐

Im Falle der Mehrmarkenstrategie entwickelt ein Anbieter für die jeweilige Produktkategorie unterschiedliche Marken. Richtig ☐ Falsch ☐

Eine Mehrmarkenstrategie bietet einem Unternehmen die Möglichkeit, unterschiedliche Zielgruppen anzusprechen. Richtig ☐ Falsch ☐

Eine Markenfamilienstrategie birgt die Gefahr sog. Kannibalisierungseffekte in sich. Richtig ☐ Falsch ☐

Im Zuge einer Markenfamilienstrategie wird eine einheitliche Markenbezeichnung in den Vordergrund einer Produktgruppe gestellt. Richtig ☐ Falsch ☐

Im Zuge einer Dachmarkenstrategie wird der Firmenname mit sämtlichen angebotenen Produkten eines Unternehmens verbunden. Richtig ☐ Falsch ☐

Markenfamilienstrategie und Dachmarkenstrategie sind Synonyme.
Richtig ☐   Falsch ☐

Markenfamilienstrategie und Dachmarkenstrategie bieten nur sehr begrenzte Möglichkeiten der individuellen Positionierung des einzelnen Produktes.
Richtig ☐   Falsch ☐

Markenfamilienstrategie und Dachmarkenstrategie erschweren die Nutzung von Synergieeffekten. Richtig ☐   Falsch ☐

Mit Markenfamilienstrategien und Dachmarkenstrategien ist die Gefahr negativer Ausstrahlungseffekte verbunden. Richtig ☐   Falsch ☐

Im Zuge einer Markentransferstrategie werden Imagekomponenten von der Hauptmarke eines bestehenden Produktbereichs auf das Transferprodukt einer neuen Warengruppe übertragen. Richtig ☐   Falsch ☐

Eine Markentransferstrategie birgt u.a. den Nachteil in sich, dass das Transferprodukt einer höheren Flopgefahr ausgesetzt ist. Richtig ☐   Falsch ☐

Ein Vorteil der Markentransferstrategie liegt in den vergleichsweise geringen Kosten für die Markenbildung beim Transferprodukt. Richtig ☐   Falsch ☐

Beim Markenwahlprozess belasten Markentransferstrategien den Konsumenten auf der kognitiven Ebene. Richtig ☐   Falsch ☐

Eine Markentransferstrategie eröffnet die Möglichkeit, Werbeverbote für die Stamm-Marke durch Werbung für die Transfermarke zu umgehen.
Richtig ☐   Falsch ☐

Mit zunehmender Anzahl an Markentransfers steigt die Glaubwürdigkeit der Stamm-Marke. Richtig ☐   Falsch ☐

Aufgabe 6.4: Umfang und Struktur des Leistungsangebots

Markieren Sie, ob die folgenden Aussagen richtig oder falsch sind!

Ein Unternehmen, das „Alles für das Kind" anbietet, richtet sein Sortiment am Bedarfskreis einer bestimmten Zielgruppe aus. Richtig ☐   Falsch ☐

Die Angebotsbreite wird durch die Anzahl der angebotenen Varianten bzw. Marken pro geführtes Produkt bestimmt. Richtig ☐   Falsch ☐

Die Begriffe „Angebotsbreite" und „Angebotstiefe" können synonym verwendet werden. Richtig ☐   Falsch ☐

Wenn ein Sportartikelhersteller von Hanteln und Fitnessgeräten über Inlineskater, Tennisschläger bis hin zu Sportbekleidung eine Vielzahl von Produkten anbietet, so spricht man von einem tiefen Angebotsprogramm.
Richtig ☐   Falsch ☐

Wenn sich ein Sportartikelhersteller auf Fitnessgeräte spezialisiert hat, davon aber sehr viele Varianten anbietet, spricht man von einem schmalen, tiefen Angebotsprogramm.   Richtig ☐   Falsch ☐

Ein breites Sortiment kann nicht flach sein.   Richtig ☐   Falsch ☐

Aufgabe 6.5: Sortimentspolitische Grundorientierung von Handelsunternehmen

Ordnen Sie die folgenden „Handelsunternehmen" den entsprechenden Prinzipien der sortimentspolitischen Grundorientierung zu!

(1) Baumarkt, (2) Discounter, (3) Eisenwarengeschäft, (4) Warenautomat

- Material bzw. Herkunft der Güter: ....

- Bedarfskreis: ....

- Niedrige Preislage: ....

- Selbstverkäuflichkeit der Ware: ....

Aufgabe 6.6: Veränderung des Angebotsprogramms

Markieren Sie, ob die folgenden Aussagen richtig oder falsch sind!

Bei einer Marktneuheit handelt es sich um eine Problemlösung, die bereits am Markt vorhandenen Produkten ähnlich ist.   Richtig ☐   Falsch ☐

Im Falle von Technologie-Push-Innovationen fließen die Ideen aus unternehmensexternen Quellen.   Richtig ☐   Falsch ☐

Produktvariation und –differenzierung sind Spielarten der Produktmodifikation.   Richtig ☐   Falsch ☐

Produktvariation und Produktdifferenzierung sind synonyme Begriffe.   Richtig ☐   Falsch ☐

Bei der Produktdifferenzierung werden ein Produkt im Zeitablauf verändert und damit das bisherige Erzeugnis ersetzt.   Richtig ☐   Falsch ☐

Bei der Produktvariation bleibt die Ausgangsvariante bestehen.   Richtig ☐   Falsch ☐

Ein wesentlicher Grund für die Notwendigkeit einer Produkteliminierung liegt in der Konkurrenz der unternehmenseigenen Produkte um knappe Ressourcen.   Richtig ☐   Falsch ☐

Produkte mit negativem Deckungsbeitrag müssen langfristig eliminiert werden.

Richtig ☐   Falsch ☐

Die Produktelimination birgt das Risiko in sich, Verbundeffekte zu verlieren.

Richtig ☐   Falsch ☐

7 Preispolitik

| Lernziele | Dieses Kapitel vermittelt: |

- was man unter Preispolitik versteht,
- welche Aufgaben der Preispolitik zufallen,
- aus welchen Komponenten sich Preis und Leistung zusammensetzen,
- wie man die Wahrnehmung des Preis/Leistungsverhältnisses beeinflussen kann,
- anhand welcher Faktoren sich der Angebotspreis bestimmen lässt und
- welche Gestaltungsmöglichkeiten das Konditionenmanagement bietet.

7.1 Überblick

Preispolitik umfasst sämtliche Marketing-Maßnahmen, die dazu dienen, die (monetären) Gegenleistungen der Käufer für die von einem Unternehmen angebotenen Produkte und Dienstleistungen zu gestalten und durchzusetzen (vgl. Diller 2001, S. 1337; im Folgenden Bruhn 2001, S. 167 - 200; Diller 2000; Meffert 2000, S. 482 - 599; Nieschlag/ Dichtl/Hörschgen 2002, S. 731 - 879; Simon 1992). Hierzu gehören folgenden **Instrumente**:

- **Preismanagement**

  Der Preis ist das Entgelt für die Leistungen, die ein Unternehmen auf einem Markt anbietet. Preismanagement bezeichnet sämtliche Maßnahmen und Entscheidungen, mit denen Preise beeinflusst und am Markt durchgesetzt werden. Diese können sich auf das gesamte Angebot eines Unternehmens, auf Teilbereiche oder auf einzelne Produkte oder Leistungen beziehen.

- **Konditionenmanagement**

  Hierzu zählen sämtliche Vereinbarungen, die neben dem Preis im Vertrag über das Leistungsangebot festgehalten werden. Im Wesentlichen sind das:

  o Rabatte (sog. Rabattmanagement),
  o Liefer- und Zahlungsbedingungen sowie
  o Kredite (sog. Kreditmanagement).

7.2 Aufgaben und Besonderheiten des Preismanagement

Das Preismanagement umfasst sämtliche Maßnahmen und Entscheidungen, mit denen Preise beeinflusst und am Markt durchgesetzt werden können. Konkret stellen sich folgende **Aufgaben** (vgl. Bruhn 2001, S. 173 - 176):

- **Preispositionierung**, d.h. Festlegung der Preislage (z.B. obere, mittlere oder untere Preislage).

- **Preisstrategie**, d.h. die Fixierung der Einführungspreise und deren Veränderung im Zeitablauf. Mit der Abschöpfungspreisstrategie (Skimming Pricing) steigt ein Anbieter mit einem hohen Preis möglichst rasch in den Markt ein. Der Preis pendelt sich erst später auf einem darunter liegenden Niveau ein. Bei der Durchdringungspreisstrategie (Penetration Pricing) hingegen wird das Produkt mit einem relativ niedrigen Preis eingeführt, um schnell Massenmärkte zu erschließen. Zur Preisstrategie zählt auch die Preisdifferenzierung. Hierunter versteht man die Festlegung verschiedener Preise für das gleiche Produkt.

- Bestimmung der optimalen **Preisabstände** von Produkten innerhalb einer Produktlinie: Hier müssen zunächst die Preise für sich gegenseitig substituierbare Produkte eines Programms so festgelegt werden, dass keine Kannnibalisierung stattfindet(z.B. bei BMW zwischen der 5er-Modellreihe und der günstigere 3er-Reihe). Des Weiteren gilt es, den Preisabstand zu komplementären Angeboten (z.B. Computer, Bildschirm und Drucker) zu optimieren. Schließlich muss die optimale Preisdistanz zu Konkurrenzprodukten ausgelotet werden.

- **Preisdurchsetzung**: Letztlich muss der festgelegte Preis am Markt durchgesetzt werden (vgl. dazu Diller 2000, S. 398 ff.). Hierzu bedienen sich Hersteller zum einen der vertikalen Preisempfehlung, die aber häufig von preisaggressiven Anbietern mit entsprechender Nachfragemacht unterlaufen wird (zu den rechtlichen Aspekten der vertikalen Preisempfehlung vgl. Bunte 2001, S. 1310 - 1311). Zum anderen kann die Akzeptanz der Verbraucher durch sog. Preiswerbung gesteigert werden (vgl. hierzu Diller 2000, S. 402 ff.). Konkret rechtfertigen Anbieter das relativ hohe Preisniveau, indem sie die qualitative Überlegenheit ihrer Produkte betonen, oder sie schüren Zweifel an der Minderwertigkeit billiger (Konkurrenz-)-Angebote. Als weitere Ansatzpunkte zur Durchsetzung von Preisen bieten sich an (vgl. Simon 1992):
  - o Vorbereitung des Kunden auf die Notwendigkeit von Preiserhöhungen durch gezielte Kostendiskussionen
  - o Stillschweigende Durchführung von Preiserhöhungen, d.h. Korrektur der Listenpreise nach oben
  - o Durchführung der Preiserhöhung in zeitlicher Nähe zu publizierten Kostensteigerungen (z.B. Tariflohn- oder Steuererhöhungen)

o Preiserhöhung zeitgleich mit Produktverbesserungen
o Durchführung der Preiserhöhung in mehreren kleinen Schritten
o Preiserhöhung in Form von Mengen- bzw. Packungsänderungen
o Aufspaltung eines Einheits- bzw. Bündelungspreises in seine Komponenten

Preispolitische Entscheidungen weisen folgende **Besonderheiten** auf:

- **Preistransparenz**

  Im Vergleich zum Produkt sind Preise für den Verbraucher auf den ersten Blick unmittelbar vergleichbar. Nichtsdestotrotz bieten sich dem Anbieter auch hier Möglichkeiten, die Preisforderung intransparent zu gestalten. Beispielsweise kompensieren die hohen Preise für später anfallende Wartungs- und Reparaturarbeiten und Ersatzteile den im Zuge einer zeitlichen Mischkalkulation niedrig gestalteten Anschaffungspreis.

- **Flexibilität**

  Im Gegensatz zu anderen Marketing-Mix-Instrumenten (etwa Modifikation eines Produkts, Wahl eines Vertriebsweges oder Imageveränderung eines Produktes) kann die Preispolitik kurzfristig variiert werden. Lediglich Unternehmen wie Versender oder Kataloganbieter sind hier in ihrer Anpassungsfähigkeit eingeschränkt, da sie bis zur Ausgabe des nächsten Kataloges an ihr Preisangebot gebunden sind.

- **Ambivalenz von Preissenkungen**

  Für den Verbraucher dient der Preis häufig als Qualitätsindikator, d.h. er schließt von einem hohen Preis auf eine hohe Qualität und von einem niedrigen Preis auf eine geringe Qualität. Vor diesem Hintergrund wird einsichtig, dass Preissenkungen nicht selten als Ausdruck von Minderwertigkeit interpretiert werden.

- **Einbahn-Charakter**

  Es gestaltet sich schwer, Preissenkungen zu einem späteren Zeitpunkt rückgängig zu machen. Denn der Verbraucher gewöhnt sich i.d.R. an das niedrige Niveau und empfindet das Anheben auf den ursprünglichen Preis wie eine Preiserhöhung.

- **Sensitivität**

  Die Preispolitik ist mit einer gewissen Sensibilität zu nutzen. Im Falle einer aggressiven Preispolitik etwa muss mit entsprechenden Reaktionen der Wettbewerber gerechnet werden, was nicht selten in einem ruinösen Preiswettbewerb endet. Dieser Gefahr versuchen sich einige Anbieter durch sog. Preisabsprachen zu entziehen, was kartellrechtlich grundsätzlich verboten ist.

- **Mehrstufigkeit**

Preispolitische Entscheidungen sind hochgradig abhängig von den jeweiligen Partnern (aus der Sicht eines Herstellers Lieferanten und Handelsunternehmen).

7.3 Festlegung des Angebotspreises

7.3.1 Bestimmungsgrößen im Überblick

Preisentscheidungen sind bei der erstmaligen Einführung eines Produktes zu treffen, aber auch dann, wenn sich bestimmte Rahmenbedingungen geändert haben. Preisänderungen für Produkte eines bereits bestehenden Leistungsprogramms können beispielsweise aus folgenden Gründen erforderlich werden:

- veränderte Kostensituation (z.B. höhere Preise für Rohstoffe sowie Hilfs- und Betriebsmittel, gestiegene Löhne),
- veränderte Konkurrenzsituation (z.B. neue Mitbewerber, Unterbieten der eigenen Preise durch die Konkurrenz, Sonderaktionen von Wettbewerbern) sowie
- veränderte Nachfragesituation (z.B. gesättigte Märkte, neue Trends).

Die zentralen Einflussfaktoren der Preisbestimmung sind demnach:

- die Kosten,
- die Konkurrenten sowie
- die Konsumenten (sog. **Magisches Dreieck der Preisfindung**; vgl. im Folgenden Diller 2000; Meffert 2000, S. 506 - 542; Nieschlag/Dichtl/ Hörschgen 2002, S. 810 - 860).

7.3.2 Kostenorientierte Preisfindung

7.3.2.1 Überblick

Die kostenorientierte Preisbestimmung basiert auf der Überlegung, dass der Preis so gewählt werden muss, dass zumindest die Gesamtkosten bzw. die variablen Kosten gedeckt sind. Konkret stellen sich folgende Aufgaben (vgl. im Folgenden Nieschlag/Dichtl/Hörschgen 2002, S. 814 - 832):

- Wahl des Kalkulationsverfahrens
- Bestimmung kostenwirtschaftlicher Preisuntergrenzen
- Kalkulatorischer Ausgleich

7.3.2.2 Verfahren kostenorientierter Kalkulation

Im Zuge der kostenorientierten Preisbestimmung bieten sich grundsätzlich **zwei Kalkulationsverfahren:**

- **Progressive Kalkulation**

  Bei der progressiven Kalkulation bilden die anfallenden Kosten den Ausgangspunkt. Um zum Abgabepreis zu gelangen, wird diesem Kostenblock in der Regel ein anvisierter Gewinn zugeschlagen (vgl. Tab. 1). Für Unternehmen mit einer ungünstigen Kostenstruktur bedingt die progressive Kalkulation die Gefahr, sich durch überhöhte Preise, die vom Verbraucher nicht akzeptiert und/oder von Konkurrenten unterboten werden, aus dem Markt herauszukalkulieren. Umgekehrt ist es möglich, dass der Markt durchaus Preise zulassen würde, die über dem progressiv kalkulierten Preis liegen.

Tab. 1: Das Grundschema einer progressiven Kalkulation (in Euro)

Variable Kosten/Stück	200,--
+ Fixkosten/Stück	100,--
= Herstellkosten/Stück	300,--
+ Vertriebs- und Verwaltungskosten/Stück	100,--
= Selbstkosten/Stück	400,--
+ Gewinnzuschlag (25 %)	100,--
= Nettoabgabepreis/Stück	500,--

- **Retrograde Kalkulation**

  Dieses Kalkulationsverfahren dient dazu zu überprüfen, ob marktbezogene Preise aus der Kostenperspektive vertretbar sind (vgl. Diller 2000, S. 226 ff.). Zu diesem Zweck wird vom Verkaufspreis auf die maximal vertretbaren Selbstkosten zurückgerechnet (vgl. Tab. 2). Werden diese überschritten, wurde die Vorgabe bzw. das Ziel (Target) nicht erreicht. Dementsprechend spricht man in diesem Kontext von Target Costing (vgl. Horváth 2002).

Tab.2: Das Grundschema einer retrograden Kalkulation (in Euro)

Marktpreis	460,--
- Mehrwertsteuer	60,--
- Handelsspanne	80,--
- Gewinnaufschlag	60,--
= Maximale Selbstkosten	260,--

7.3.2.3 Kostenwirtschaftliche Preisuntergrenzen

Unter einer kostenwirtschaftlichen Preisuntergrenze versteht man denjenigen Preis, bei dessen Unterschreiten es aus Kostengründen geboten erscheint, eine Leistung nicht (mehr) zu erbringen. Für die Bestimmung der kostenwirtschaftlichen Preisuntergrenzen bedient man sich der Berechnung des Deckungsbeitrags. Bei der Deckungsbeitragsrechnung in seiner einfachsten Form wird der Kostenblock in mengenabhängige variable Kosten und zeitabhängige fixe Kosten aufgeteilt. Die variablen Kosten sind diejenigen Kosten, die lediglich bei den tatsächlich produzierten Produkten oder den tatsächlich erbrachten Leistungen anfallen, beispielsweise für Material, Löhne und Vertrieb. Die fixen Kosten hingegen fallen unabhängig von der produzierten Menge an, also beispielsweise für Forschung & Entwicklung, Mieten oder Zinsen und Abschreibungen für Betriebs- und Geschäftsausstattung.

Der Deckungsbeitrag ist jener Betrag, der von den Erlösen nach Abzug der variablen Kosten übrig bleibt (DB = Umsatzerlöse - variable Kosten). Dieser Betrag steht zur Deckung der fixen Kosten sowie gegebenenfalls zur Erwirtschaftung eines Gewinns zur Verfügung.

Grundsätzlich lassen sich **zwei Arten** von kostenwirtschaftlichen Preisuntergrenzen unterscheiden:

- Die **kurzfristige Preisuntergrenze** entspricht einem Deckungsbeitrag von 0, d.h. hier deckt der Preis sämtliche variablen Kosten.
- Die **langfristige Preisuntergrenze** liegt dort, wo der Preis sämtliche, d.h. variable und fixe Kosten deckt. Hier entspricht der Deckungsbeitrag den fixen Kosten.

Die Bestimmung kostenwirtschaftlicher Preisuntergrenzen birgt folgende **Problemfelder** in sich:

- **Nichtberücksichtigung einer Preisunterbietungsstrategie**

  Es kann durchaus zweckdienlich sein, im Zuge einer aggressiven Preispolitik kostenwirtschaftliche Preisuntergrenzen zu unterschreiten und damit Konkurrenten zu unterbieten. Sind die Wettbewerber aus dem Markt gedrängt, werden die Preise in aller Regel wieder angehoben, da sich dem Verbraucher nunmehr keine oder nur wenige Ausweichmöglichkeiten bieten.

- **Ausklammerung von Folgeaufträgen**

  Bei einem Erstauftrag wird nicht selten unter der kostenwirtschaftlichen Preisuntergrenze kalkuliert, um auf diese Weise bei Neukunden „den Fuß in die Tür zu bekommen". Hat sich die Beziehung dann im Zeitablauf stabilisiert, werden die Preise bei Folgeaufträgen angehoben.

- **Vernachlässigung von Verbundkäufen**

  Ein Verbundkauf ist definiert als die Gesamtheit der Güter, die zu einem bestimmten Zeitpunkt bei einem Unternehmen zusammen gekauft werden. Im Zuge der Mischkalkulation, die im Folgenden Kapitel eingehender behandelt wird, werden bei den sog. Ausgleichsnehmern die kostenwirtschaftlichen Preisuntergrenzen unterschritten. Diese Verluste werden durch entsprechend hohe Preise bei den Ausgleichsträgern (über-)kompensiert.

7.3.2.4 Kalkulatorischer Ausgleich

In der Unternehmenspraxis sieht man sich häufig mit dem Problem konfrontiert, dass es nicht sinnvoll bzw. möglich ist, Produkte zu kostendeckenden Preisen zu veräußern (sog. Kostendeckungsprinzip). In solchen Fällen agiert man nach dem Tragfähigkeitsprinzip. Hierbei werden die Preise bestimmter Produkte (sog. Ausgleichsträger) so kalkuliert, dass sie die Verluste anderer Produkte (sog. Ausgleichsnehmer) zumindest kompensieren (vgl. auch Behrends 2001, S. 78 - 79):

Grundsätzlich lassen sich **zwei Formen** des kalkulatorischen Ausgleichs unterscheiden:

- **Sukzessivausgleich**

  Hierunter versteht man die dynamische Variante des kalkulatorischen Ausgleichs. Dabei werden die Preise eines bestimmten Produktes so kalkuliert, dass sie die anfänglichen oder später auftretenden Verluste des gleichen Produktes zumindest kompensieren.

- **Simultanausgleich**

  Bei der statischen Form subventionieren Artikel kritische Sortimentsteile (z.B. Sonderangebote, Dauerniedrigpreisartikel). Bei letzteren handelt es sich Regelfall um sog. Prestigeartikel, d.h. um Markenartikel, die im Zentrum der (Prospekt-)Werbung des Handels stehen. Eine solche sog. Mischkalkulation kann aus zweierlei Gründen erfolgen: Im Falle einer defensiven Strategie ist ein Unternehmen gezwungen, auf die Preissenkungen der Wettbewerber zu reagieren. Bei der offensiven Variante hingegen will ein Unternehmen aktiv seine Preiswürdigkeit demonstrieren.

| Fallbeispiel | **Mischkalkulation** |

Das Beispiel in Tab. 3 dient dazu, die Vorgehensweise im Zuge der Mischkalkulation zu veranschaulichen. Bei den Produkten A und B handelt es sich um sog. Ausgleichsnehmer. Bei diesen Produkten kann der kostenorientierte Stückpreis nicht am Markt realisiert werden, so dass hier Verluste in Höhe von 280,5 Tsd. Euro (= 127,5 Tsd. Euro + 153,0 Tsd. Euro) entstehen. Diese müssen von Produkt C (= Ausgleichsträger) übernommen werden, so dass hier der Stückpreis nach dem kalkulatorischen Ausgleich über dem kostenorientierten Stückpreis angesiedelt ist. Der Vollständigkeit halber sei angemerkt, dass man in der Realität versuchen würde, den Preis für Artikel C anzuheben und damit näher an eine Preisschwelle zu legen (z.B. 9,99 Euro).

Quelle: in Anlehnung an Nieschlag/Dichtl/Hörschgen 2002, S. 831.

Tab. 3: Beispiel für eine Mischkalkulation

	Artikel A	Artikel B	Artikel C
(1) (Geplanter) Absatz (in Tsd. Stück)	250	300	500
(2) Angestrebter Erlös (in Tsd. Euro)	2.000,0	3.000,0	4.500,0
(3) Kostenorientierter Stückpreis (in Euro)	8,00	10,00	9,00
(4) Realisierbarer Stückpreis (in Euro)	7,49	9,49	-
(5) = (1) x (4) Realisierbarer Erlös (in Tsd. Euro) (Absatz x realisierbarer Stückpreis)	1.872,5	2847,0	-
(6) = (5) - (2) Unterdeckung (in Tsd. Euro)	- 127,5	- 153,0	-
(7) = Aggregiertes Erlösdefizit der Ausgleichsempfänger (in Tsd. Euro)	-	-	- 280,5
(8) = (2) - (7) Angestrebter Erlös nach dem kalkulatorischen Ausgleich in (in Tsd. Euro)	-	-	4.780,5
(9) = (8) : (1) Stückpreis nach dem kalkulatorischen Ausgleich (in Euro)	7,49	9,49	9,56

7.3.3 Abnehmerorientierte Preisfindung

7.3.3.1 Überblick

Die abnehmerorientierte Preisbestimmung basiert auf der Überlegung, dass der Preis so gewählt werden muss, dass die Verbraucher bereit sind, das Produkt zu erwerben. Im Mittelpunkt des Interesses stehen u.a. folgende Themenkomplexe:

- Preisbereitschaft und Reaktionen der Nachfrager auf Preisänderungen
- Möglichkeiten der Preisdifferenzierung
- Veranstaltungen zur abnehmer- und anbieterorientierten Preisfixierung

7.3.3.2 Preisbereitschaft und Reaktionen der Nachfrager auf Preisänderungen

Die Abb. 46 zu entnehmende **Preis-Absatz-Funktion** vermittelt die Preisbereitschaft der Verbraucher, indem sie angibt, wie viel Stück eines bestimmten Produktes bei einem bestimmten Preis am Markt abgesetzt werden können (vgl. zur Preis-Absatz-Funktion und deren Grundtypen Diller 2000, S. 80 ff.). Im Punkt p0 ist der Preis so hoch, dass kein Stück am Markt abgesetzt wird. Im Punkt S hingegen ist der Markt gesättigt, d.h. selbst bei einem Preis von 0 Euro kann nicht mehr verkauft werden.

Die **Preiselastizität der Nachfrage** gibt darüber Auskunft, wie sich eine Preisänderung (= unabhängige Variable) auf die Nachfrage (= abhängige Variable) auswirkt, d.h. um wie viel Prozent der Absatz steigt, wenn der Preis um ein Prozent sinkt, bzw. umgekehrt, um wie viel Prozent der Absatz sinkt, wenn der Preis um ein Prozent steigt (vgl. im Folgenden auch Schneider/ Hennig 2001, S. 151 - 155).

Die Preiselastizität der Nachfrage der Nachfrage ist definiert als

$$= \frac{\text{Relative Nachfrageänderung}}{\text{Relative Preisänderung}} \quad,$$

wobei die relative Nachfrageänderung

$$= \frac{\text{Neue Nachfragemenge} - \text{Alte Nachfragemenge}}{\text{Alte Nachfragemenge}} \times 100$$

und die relative Preisänderung

$$= \frac{\text{Neuer Preis} - \text{Alter Preis}}{\text{Alter Preis}} \times 100 \quad \text{sind.}$$

Abb. 46: Das Konzept der Preiselastizität auf Basis einer linearen Preis-Absatz-Funktion

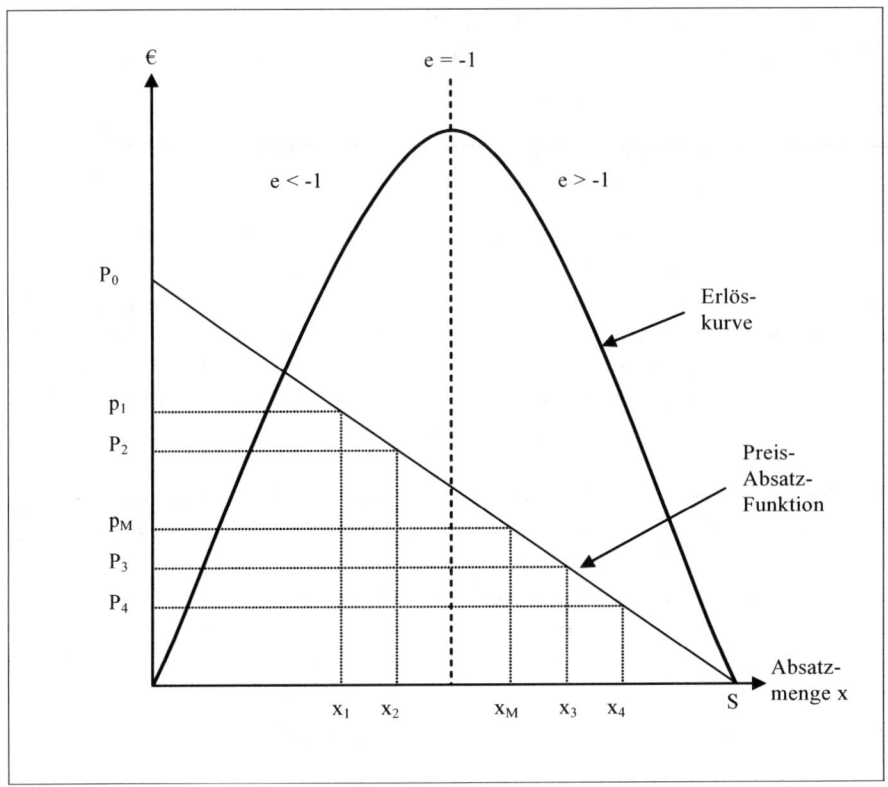

Quelle: Nieschlag/Dichtl/Hörschgen (2002, S. 838).

Dabei unterscheidet man zwischen einem Preis- und einem Mengeneffekt. Unter dem Preiseffekt versteht man den Umsatz, der durch eine Preissenkung bzw. -erhöhung verloren bzw. hinzugewonnen wird. Unter Mengeneffekt versteht man den Umsatz, der durch die mehr bzw. weniger abgesetzte Menge hinzukommt bzw. abnimmt.

Abb. 47: Beispiele einer elastischen und einer unelastischen Nachfrage

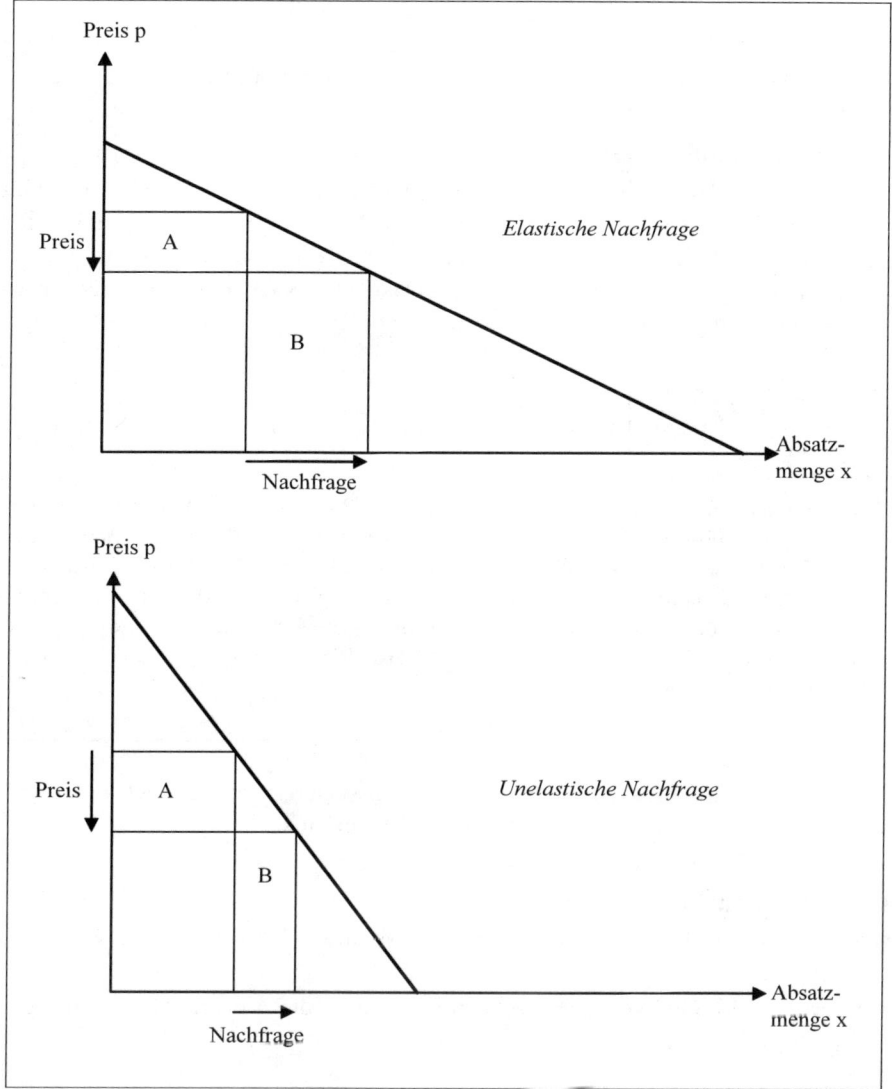

Bei der Preiselastizität unterscheidet man **drei Ausprägungen:**

- **Preiselastizität kleiner als –1**

    Hierbei handelt es sich um eine elastische Nachfrage (vgl. Abb. 47). Der Mengeneffekt (= B) übersteigt den Preiseffekt (= A), d. h eine Preissenkung führt zu steigenden Erlösen, eine Preiserhöhung zu sinkenden Erlösen. Im Fall der Preissenkung von p_1 nach p_2 steigen die Erlöse an, d.h. es handelt sich um eine elastische Nachfrage (vgl. Abb. 46).

- **Preiselastizität = –1**

  Diesen Zustand bezeichnet man als indifferente Nachfrage. Hier wird der maximale Erlös erzielt.

- **Preiselastizität größer als –1**

  Hierbei handelt es sich um eine unelastische Nachfrage (vgl. Abb. 47). Der Preiseffekt (= A) überkompensiert den Mengeneffekt (= B), d.h. eine Preissenkung führt zu sinkenden Erlösen, eine Preiserhöhung zu steigenden Erlösen. Als Beispiel für eine unelastische Nachfrage kann die Preissenkung von p_3 nach p_4 dienen (vgl. Abb. 46).

Fallbeispiel	Berechnung der Preiselastizität

Ein Anbieter senkt die Preise für Produkt A von 12 auf 9 Euro. Dadurch steigt der Absatz von 10.000 auf 15.000 Stück. Die Preiselastizität der Nachfrage beträgt - 2 = ([15.000 Stück - 10.000 Stück] : 10.000 Stück) : ([9 Euro - 12 Euro] : 12 Euro) = 0,5 : (- 0,25). Es handelt sich also um eine elastische Nachfrage, d.h. der Mengeneffekt übersteigt den Preiseffekt. Die Preissenkung bewirkt, dass der Umsatz von 120.000 Euro (= 12 Euro x 10.000 Stück) auf 135.000 Euro (9 Euro x 15.000 Stück) steigt.

Produkte, die eine **elastische Nachfrage** aufweisen, zeichnen sich u.a. durch eine oder mehrere der folgenden **Eigenschaften** aus:

- Hohe Verfügbarkeit von Ausweichprodukten
- Hohe Lagerfähigkeit des Produktes
- Hoher Anteil der Ausgaben für das Produkt an den Gesamtausgaben von Haushalten
- Geringe Dringlichkeit des Bedürfnisses, d.h. die Verbraucher benötigen das Produkt nicht unbedingt (sofort)

Fallbeispiel	Ermittlung der Preiselastizität der Nachfrage in der Praxis unter besonderer Berücksichtigung von Preisschwellen

Bei einer Erhöhung des Preises für das vorliegende Produkt von 4,59 Euro auf 4,99 Euro sinkt der Absatz von 11.900 auf 9.400 Stück (vgl. Tab. 4). Das entspricht einer Absatzänderung von - 21,0 %, einer Umsatzänderung von - 14,1 % und einer Preiselastizität von -3,05 (= elastische Nachfrage). Erhöht man den Preis hingegen von 4,79 Euro auf 5,19 Euro, als auch um 0,40 Euro, überschreitet dabei aber eine Preisschwelle, fallen die Absatz- (- 54,3 %) und Umsatzänderungen (- 50,5 %) deutlich dramatischer aus. Letzteres lässt sich auch an der geringeren Preiselastizität von - 6,51 (= elastische Nachfrage) ablesen.

Ähnlich sieht es bei Preissenkungen aus. Bei einer Preissenkung für das Produkt von 4,29 Euro auf 3,99 Euro (= Überschreiten einer Preisschwelle) steigen der Absatz um 27,6 % und der Umsatz um 21,6 %. Hier beträgt die Preiselastizität - 3,95 (= elastische Nachfrage). Bei einer Preisreduzierung von 4,29 Euro auf 4,19 Euro erhöhen sich der Absatz hingegen nur um 4,9 % und der Umsatz um 2,3 %. Man erkennt hier im Vergleich zur ersten Preissenkung unschwer, dass die Steigerung geringer ausfällt, was sich auch an der geringeren Preiselastizität von - 2,05 ablesen lässt.

Die entsprechenden Daten erhalten Groß- und Einzelhandelsunternehmen aus den Abverkaufszahlen, die dem Warenwirtschaftssystem zu entnehmen sind. Schwieriger wird es für Hersteller, da diese keinen unmittelbaren Einblick in die Abverkaufszahlen des Handels haben. In diesem Fall muss man sich die Daten aus sog. Handelspanels (= Längsschnittuntersuchungen bei Handelsunternehmen; vgl. hierzu ausführlich Abschnitt 4.4.4) beschaffen. Solche Handelspanels werden beispielsweise von der GfK, Nürnberg, durchgeführt.

Tab.4: Ein Beispiel für die Ermittlung der Preiselastizität der Nachfrage in der Praxis

Preis vorher (in €)	Preis nachher (in €)	Absatz vorher (in Tsd. Stück)	Absatz nachher (in Tsd. Stück)	Absatzänderung (in %)	Umsatzänderung (in %)	Preis-elastizität
			Preiserhöhung			
4,59	4,99	11,9	9,4	- 21,0	- 14,1	- 3,05
4,79	5,19	13,8	6,3	- 54,3	- 50,5	- 6,51
			Preissenkung			
4,29	3,99	19,9	25,4	+ 27,6	+ 21,6	- 3,95
4,29	4,19	18,8	19,7	+ 4,9	+ 2,3	- 2,09

Ob eine elastische oder eine unelastische Nachfrage für ein Unternehmen von Vorteil ist, hängt von der jeweils verfolgten Marketing-Strategie ab:
- So zielen preisaggressive Unternehmen darauf ab, den Preis in den Mittelpunkt ihrer Marketing-Strategie zu stellen (sog. Preis/Mengen-Strategie). Dies erhöht die Preissensibilität der Verbraucher, was letztlich zu einer elastischeren Nachfrage führt.

- Positioniert sich ein Anbieter hingegen im Premium- und damit im Hochpreissegment (sog. Präferenz-Strategie), wird er versuchen, die Preiselastizität der Nachfrage möglichst unelastisch zu halten. In diesem Zusammenhang bietet sich zum Beispiel die Möglichkeit, der Austauschbarkeit
durch den Verbraucher mittels entsprechender Zusatznutzenkomponenten
(etwa Image) entgegenzuwirken.

- Außerdem bietet sich der Ansatzpunkt, den Verbraucher eher auf der ge-
fühlsmäßigen und damit weniger auf der rationalen Ebene anzusprechen.
Man denke etwa an Kleidung (Preiselastizität = 0 und damit unelastisch).
In diesem Bereich steht der Preis nur selten im Mittelpunkt der Kaufentscheidung.

- Schließlich können eine geringe Preissensibilität und damit eine unelastische Nachfrage durch Kundenzufriedenheit sowie den Einsatz der ökonomischen, juristischen, technologischen und sozialen Instrumente der
Kundenbindung gewährleistet werden.

- Bei der Berechnung der Preiselastizität darf keinesfalls vernachlässigt werden, dass hier **nur Erlös- und damit Umsatzveränderungen** betrachtet
werden. Demnach lässt sich aus der Preiselastizität kein Rückschluss auf
die Gewinnveränderung ziehen. Beispielsweise kann durch eine Preissenkung zwar durchaus der Umsatz steigen, gleichzeitig führt aber die höhere Absatzmenge zu überproportionalen Kostensteigerungen (etwa durch
den Ausbau von Kapazitäten), was in Extremfällen einen Gewinnrückgang
bewirken kann. Folglich lässt sich eine gewinnoptimale Lösung nur durch
eine flankierende Einbeziehung der Kosten berechnen.

7.3.3.3 Möglichkeiten der Preisdifferenzierung

Preisdifferenzierung bedeutet die Festlegung verschiedener Preise für das
gleiche Produkt. Die Preisdifferenzierung basiert auf der Annahme, dass die
Preisbereitschaft zwischen Verbrauchersegmenten divergiert. Folglich bietet
es sich an, von den jeweiligen Gruppen unterschiedlich hohe Preise zu fordern.

Die wesentlichen Formen der Preisdifferenzierung sind in Abb. 48 aufgeführt. Dabei lassen sich folgende **Kriterien** identifizieren (vgl. hierzu Diller
2000; Fassnacht 1996; Simon 1992):

- **Räumlich**, d.h. der Preis wird nach Abatzgebieten differenziert (etwa Länder, Regionen). Der Spielraum für eine räumliche Preisdifferenzierung
sinkt mit einer zunehmenden Arbitrageneigung der Konsumenten. Hierunter versteht man deren subjektive Bereitschaft, ab einem bestimmten
Arbitragegewinn (= Preisdifferenz - Transaktionskosten für Information,
Kontaktaufnahme, Transport etc.) ein Produkt über einen „grauen Markt"

und nicht über den traditionellen Vertriebsweg des Herstellers zu beziehen. Die Bereitschaft zu Arbitrage ist abhängig von der Preissensibilität der Konsumenten sowie von der Erklärungsbedürftigkeit und dem Vertrauensgutcharakter der Produkte.

- **Zeitlich**, d.h. je nach Absatzzeitpunkt werden unterschiedliche Preise gefordert. Die Preisforderung kann sich dabei u.a. an der Stellung im Produktlebenszyklus (Einführung, Wachstum, Sättigung, Degression, Relaunch; vgl. hierzu Abschnitt 2.2.2) orientieren.
- **Mengenbezogen**: Beispielsweise bekommen Großabnehmer günstigere Konditionen eingeräumt als Kleinabnehmer. Exemplarisch können die unterschiedlichen Preise für Industrie- und Haushaltsstrom angeführt werden. Oder Selbstverwender zahlen andere Preise als Wiederverkäufer.
- **Personenbezogen**: Beispiele hierfür sind die Preisdifferenzierung nach Alter (etwa besondere Preise für Kinder, Jugendliche und Senioren), Einkommens- und Ausbildungssituation (z.B. Sonderpreis für Schüler und Studierende), Beruf (etwa Vorzugspreise bei Büchern und Computern für Lehrer und Dozenten) oder Zugehörigkeit zu bestimmten Gruppen (etwa Vorzugspreise im Falle einer Mitgliedschaft, günstigere Versicherungen für Öffentliche Bedienstete). Selbstverwender etwa zahlen andere Preise als Wiederverkäufer, und Speisesalz kostet mehr als Viehsalz.
- **Leistungsbezogen**: Diese Form der Preisdifferenzierung liegt vor, wenn ein Anbieter Varianten eines Produktes offeriert, die hinsichtlich der Leistung unterschiedlich sind, die Preisdifferenz aber nicht dem Unterschied zwischen den Herstellungskosten entspricht. Ein solcher Fall wird unterstellt, wenn eine Bank die Goldene Kreditkarte für 65 Euro und die normale Kreditkarte für 20 Euro anbietet.
- **Vertriebsweg**: Im Zuge der Verbreitung von Internet und E-Commerce gewinnt eine weitere Variante, nämlich die Preisdifferenzierung nach Vertriebswegen an Bedeutung. Beispielsweise räumt die Lufthansa ihren Kunden bei Online Buchung einen Preisnachlass von 10 Euro ein. Ähnlich agieren Banken gegenüber ihren Online-Kunden, in dem sie hier geringere Gebühren veranschlagen.
- **Preisbündelung**: Werden Produkte gemeinsam erworben (z.B. Kombinationspackung aus Zahnbürste, -creme und -seide), liegt der jeweilige Einzelpreis niedriger als beim Kauf der einzelnen Produkte (vgl. zur Preisbündelung Wübker 1998).

Abb. 48: Die Formen der Preisdifferenzierung

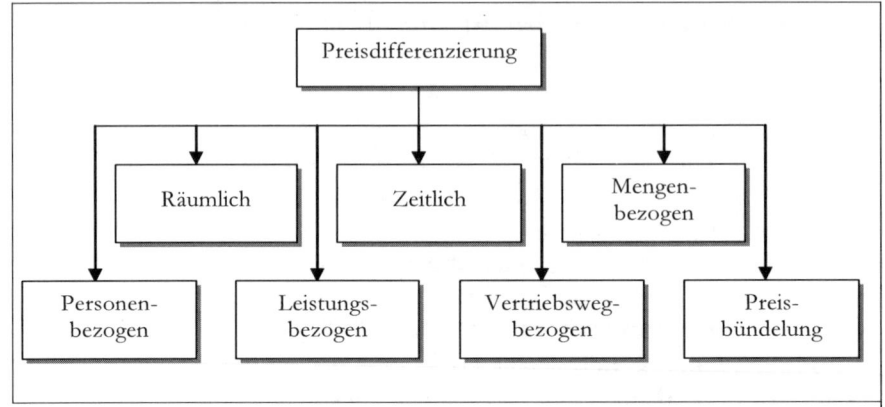

Die Preisdifferenzierung ist an folgende **Voraussetzungen** geknüpft:

- Die relevanten Teilmärkte müssen durch unterschiedliche Preis-Absatz-Funktionen charakterisiert sein.
- Es muss technisch möglich sein, unterschiedlich hohe Preise zu fordern.
- Es muss ausgeschlossen sein, dass Nachfrager, die das Produkt zu einem günstigen Preis erwerben, dieses auf einem anderen Markt zu einem höheren Preis wiederverkaufen (sog. Arbitrage).

Spezielle Varianten einer zeitlichen Differenzierung sind die Skimming- und die Penetrationsstrategie, die auf Dean (1951, 1969) zurückgehen (vgl. Abb. 49 sowie im Folgenden Meffert 2000, S. 565 - 568; Pepels 2000, S. 529 - 531). Bei der **Skimmingstrategie** (= Abschöpfungsstrategie) wird das neue Produkt zu einem vergleichsweise hohen Preis in den Markt eingeführt. Mit zunehmender Markterschließung und/oder aufkommendem Wettbewerbsdruck wird der Produktpreis sukzessive gesenkt, damit neue Käuferschichten gewonnen werden können (vgl. Simon 1992, S. 293). Die Skimmingstrategie empfiehlt sich in erster Linie für Produkte mit:

- hohem Innovationsgrad,
- anfänglich geringer Produktionskapazität sowie
- niedriger kurzfristiger Preiselastizität.

Die Abschöpfungsstrategie wurde u.a. bei Computern und synthetischen Produkten wie Nylon oder Teflon mit Erfolg eingesetzt.

Abb. 49: Preisabfolgen im Rahmen ausgewählter Preisstrategien

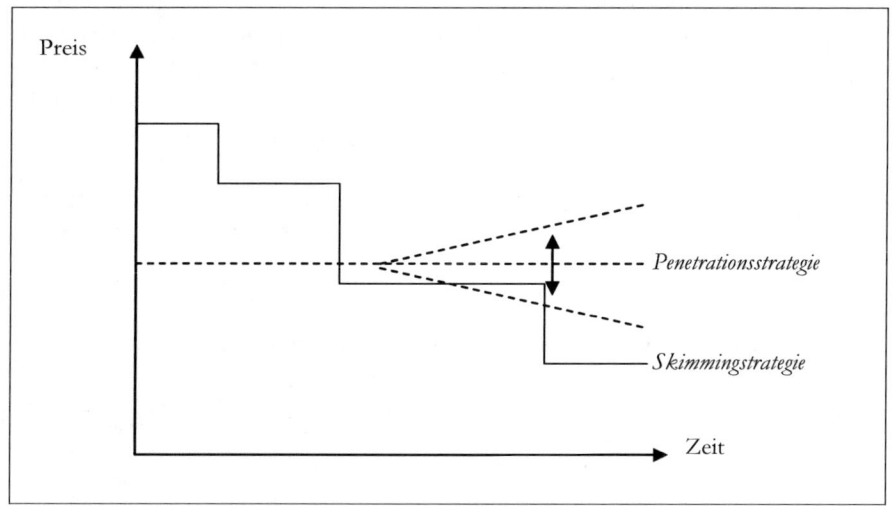

Die in Abb. 50 aufgeführten Argumente sprechen für und gegen eine Skimmingstrategie (vgl. Simon 1992, S. 295).

Abb. 50: Vor- und Nachteile der Skimmingstrategie

Vorteile	Nachteile
• Graduelles Abschöpfen der Preisbereitschaft (= Konsumentenrente)	• Längere Amortisationsdauer der in ein Produkt getätigten Investitionen
• Erwirtschaftung hoher kurzfristiger Gewinne, die von der Diskontierung (= Abzinsung) vergleichsweise wenig betroffen sind, da sie frühzeitig anfallen	• Assoziation niedrige Preise = geringe Produktqualität durch Abnehmer
• Überschaubares Obsoleszenzrisiko (= Gefahr der Produktalterung), da Gewinne in frühen Phasen des Produktlebenszyklus realisiert werden	• Schwierige Durchsetzung geplanter Preiserhöhungen zu einem späteren Zeitpunkt am Markt ⇒ Lösung: mit niedrigen Produktpreis nach hohen Marktanteilen streben und mit zunehmender Fertigungserfahrung sinkende Stückkosten (= Economies of large Scale) realisieren, um dadurch einen weiteren Preisspielraum nach unten zu eröffnen
• Schnelle Amortisation des Forschungs&Entwicklungs-Aufwandes	
• Schaffung eines Preisspielraums nach unten und damit Kalkulation nach der sicheren Seite, da auf diese Weise Preiserhöhungen vermieden werden	
• Möglichkeit, den hohen Anfangspreis als Qualitätsindikator zu nutzen	

Bei der **Penetrationsstrategie** (= Durchdringungspreisstrategie) wird das Produkt zu einem besonders niedrigen Preis eingeführt. Über die Preisentwicklung in späteren Lebenszyklusphasen werden zumeist keine präzisen Aussagen getroffen. Grundsätzlich sind die in Abb. 49 dargestellten Optionen möglich. Die Penetrationsstrategie zielt darauf ab, mit relativ niedrigen Preisen für neue Produkte schnell Massenmärkte zu erschließen und große Absatzmengen bei niedrigen Stückkosten zu realisieren. Die Penetrationsstrategie empfiehlt sich, wenn die Nachfrager sehr preissensibel reagieren (= hohe kurzfristige Preiselastizität; vgl. Simon 1992, S. 294) und niedrige Preise höhere Marktanteile bewirken.

Abb. 51: Vor- und Nachteile der Penetrationsstrategie

Vorteile	Nachteile
• Erzielung hoher Gesamtdeckungsbeiträge trotz niedriger Stückdeckungspreise durch schnelles Absatzwachstum	• Verlust der Markenidentität, falls Stamm- und Transfermarke unterschiedliche Zielgruppen ansprechen
• Erreichen eines durch Wettbewerber nur schwer einholbaren Kostenvorsprungs, da durch schnelle Erhöhung der kumulierten Absatzmenge Erfahrungskurveneffekte (Economies of large Scale) realisiert werden können	• Glaubwürdigkeitsverlust der Marke im Falle zu vieler unterschiedlicher Imagetransfers
• Abschreckung möglicher Imitatoren und künftiger Mitbewerber vor einem Markteintritt	
• Geringes Floprisiko aufgrund niedriger Einführungspreise	

7.3.3.4 Veranstaltungen zur abnehmer- und anbieterorientierten Preisfixierung

In diesem Kontext sind im Wesentlichen Auktionen und Submissionen zu nennen. Auktionen sind Marktveranstaltungen, bei denen sich Kaufinteressenten darin überbieten, die angebotene Ware zu erhalten. Der erzielte Preis ist demnach das Resultat eines Wettbewerbs unter Nachfragern, wohingegen kosten- und konkurrenzorientierte Aspekte eine nachgeordnete Rolle spielen (vgl. zu Auktionen Skiera 1998, S. 297 - 310).

Folgende **Varianten von Auktionen** sind zu nennen:

- Bei der **klassischen Versteigerung** versuchen die am Erwerb des Produkts Interessierten, sich gegenseitig zu überbieten. Das höchste Gebot erhält den Zuschlag. Hinsichtlich der Entwicklung des Preises herrscht völlige Transparenz.

- Beim **Veiling** entwickelt sich der Preis in entgegengesetzter Richtung, d.h. von oben nach unten. Derjenige Teilnehmer, der zuerst bietet, erhält den Zuschlag. Im Gegensatz zur Versteigerung herrscht hier bei den Nachfragern höchste Unsicherheit, da niemand weiß, zu welchem Preis die anderen ein Gebot abgeben.

Im Gegensatz zur Auktion handelt es sich bei der **Submission** um eine anbieterorientierte Preisfestsetzung. Hierbei werden potentielle Anbieter im Zuge einer Ausschreibung aufgefordert, ein Angebot für eine vom Nachfrager genau definierte Leistung bis zu einem bestimmten Termin in einem verschlossen Umschlag abzugeben. Preisabsprachen zwischen den Anbietern sind verboten. Den Zuschlag erhält im einfachsten Fall derjenige, der die Leistung zum günstigsten Preis anbietet. Bei der Submission verfügt der Nachfrager über eine hohe Markttransparenz, wohingegen bei den Anbietern Ungewissheit vorherrscht (vgl. Backhaus 1999).

Fallstudie	**Auktionen – der B2B-Marktplatz CPGmarket von Nestlé Deutschland**

Seit Dezember 2000 veranstaltet Nestlé Deutschland Auktionen mit Hilfe des B2B-Marktplatzes CPGmarket, zu dessen Gründern der Konzern gehört. Eine durchschnittliche Auktion von Nestlé dauert eine halbe Stunde. Sie wir automatisch um fünf Minuten verlängert, falls in den letzten drei Minuten noch ein Gebot erfolgt. Trotzdem lag das Maximum bislang unter zwei Stunden.

Bei hinreichendem Wettbewerb zwischen den teilnehmenden Lieferanten entwickelt sich der Preis im Regelfall in Form einer S-Kurve. Zunächst geben Lieferanten relativ teure Angebote ab. Dann tritt eine gewisse Ruhepause ein. Einige Zeit vor Ende der Auktion steigt die Angebotsintensität, die Preise gehen nach unten und erste Teilnehmer steigen aus. Neben dieser S-Kurve der ernsthaften Anbieter gibt es immer wieder auch einige Lieferanten, deren Preise weit oberhalb des Feldes der Mitbewerber liegen. Vermutlich nutzen diese die Auktion als Marktforschungsinstrument.

Nestlé vergibt einen Auftrag nicht automatisch an den günstigsten Bieter. Neue Lieferanten müssen einem Audit unterzogen werden, vor allem bei Verpackungen sind häufig Maschinenversuche erforderlich.

Sämtliche Auktionsteilnehmer kennen die Bedingungen vorab, so dass ein Nachverhandeln nach Auktionsende als unseriös gilt. Konsequenterweise bildet die Spezifikation einen Kernpunkt der Auktion. Diese erfordert beim ersten Mal für eine Warengruppe etwa sechs Wochen, im Falle von Folgeauktionen bei Pflege der Spezifikationen nur wenige Stunden.

Zwar wurden auch bei Nestlé im Falle von Einkaufsauktionen schon Preise von nur 75 Prozent des Vorjahresniveaus erzielt, doch war dies zumeist auf ein insgesamt fallendes Preisniveau zurückzuführen. Demnach sei nicht der geringere Preis, sondern die Schnelligkeit das langfristige Hauptargument für Auktionen. Eine gute

Auktion erspare Dutzende von Gesprächen.

Derzeitig begrenzen die Marktbedingungen vieler Vorprodukte und Dienstleistungen die Anwendbarkeit von Auktionen auf einen Bruchteil des Beschaffungsvolumens von Nestlé. Als entscheidend für den Erfolg einer Auktion gelten die Materialgruppe, die Zahl der teilnehmenden Lieferanten, das Marktumfeld (Käufer- versus Verkäufermarkt) sowie das Geschick des Einkäufers.

Quelle: Rode, J.: Immer schneller, manchmal billiger, in: LebensmittelZeitung, Nr. 5 vom 01.02.2002, S. 25.

7.3.4 Konkurrenzorientierte Preisfindung

7.3.4.1 Überblick

Bei diesem Preisbildungsprinzip orientiert sich der Entscheidungsträger an den Preisen der Wettbewerber. Hierzu stehen ihm grundsätzlich zwei Optionen zur Verfügung:

- Adaptives Preismanagement: Hier passt sich ein Anbieter an die Preise seiner Konkurrenten an.
- Aktives Preismanagement: Hier agiert ein Anbieter eigenständig, d.h. er gestaltet die Preise aktiv.

7.3.4.2 Adaptives Preismanagement

Beim adaptiven Preismanagement bietet sich zum einen die Möglichkeit, branchenübliche Kalkulationsgrundsätze, wie sie beispielsweise durch die unverbindliche Preisempfehlung der Hersteller nahe gelegt werden, anzuwenden. Zum anderen können sich Anbieter einem Preisführer unterordnen. In diesem Zusammenhang unterscheidet man drei **Formen der Preisführerschaft** (vgl. Pepels 2000, S. 522 - 523):

- Die **dominante Preisführerschaft** zeichnet sich dadurch aus, dass ein Anbieter aufgrund seiner herausragenden Marktstellung die Möglichkeit hat, seine Konkurrenten so zu beeinflussen, dass sie sich seinem Preis anschließen (etwa im Falle von IBM im Computermarkt).
- Bei der **barometrischen Preisführerschaft** agieren mehrere, im Großen und Ganzen gleichbedeutende Anbieter am Markt, die gegenüber unbedeutenden Wettbewerbern den Marktpreis vorgeben. Dies ist bei Zigaretten der Fall, wo fünf große Anbieter knapp 90 % Marktanteil auf sich vereinen.
- Bei der **kolludierenden Preisführerschaft** schließlich stimmen sich mehrere Anbieter stillschweigend dahingehend ab, dass wechselweise ein Unternehmen die Position des Preisführers einnimmt und die anderen ihm

folgen. Als Beispiel für ein solches Preisgebaren kann die Mineralölbranche dienen.

7.3.4.3 Aktives Preismanagement

Beim aktiven Preismanagement agiert ein Anbieter eigenständig, d.h. er gestaltet die Preise aktiv. Zur Positionierung eines Produktes in der richtigen Kombination von Preis und Qualität im Vergleich zur Konkurrenz haben Kotler/Bliemel (1999, S. 744 - 748) das in Abb. 52 aufgeführte **Neun-Strategien-Modell** entwickelt.

Abb. 52: Das Neun-Strategien-Modell zur Optimierung der Preis/Qualitäts-Positionierung gegenüber der Konkurrenz (Quelle: Kotler/Bliemel 1999, S. 745)

Preis / Qualität	Hoch	Mittel	Niedrig
Hoch	1. Premiumstrategien	2. ←——→	3. Vorteilsstrategien
Mittel	4. ↕	5. Mittelfeldstrategien	6. ↕
Niedrig	7. Übervorteilungs- strategien ←——→	8.	9. Billigwaren- strategien

Zunächst können drei **grundsätzliche Strategien** unterschieden werden:
- **Premiumstrategien** (= 1) sind Strategien, bei denen Produkte von hoher Qualität zu einem hohen Preis angeboten werden.
- Bei **Mittelfeldstrategien** (= 5) wird durchschnittliche Qualität zu durchschnittlichen Preisen offeriert.
- **Billigwarenstrategien** (= 9) sind durch niedrige Qualität und entsprechende Preise gekennzeichnet.

In allen drei Fällen besteht ein ausgewogenes Preis/Leistungsverhältnis.

Die Optionen 2, 3 und 6 sind sog. **Vorteilsstrategien**, da sie dem Verbraucher ein günstigeres Preis/Leistungsverhältnis bieten als die o.a. Premium-, Mittelfeld- und Billigwarenstrategien. Ein Anbieter auf Position 6 kann den Unternehmen auf Position 5 gefährlich werden, da er die gleiche mittlere Qualität zu geringeren Preisen offeriert. Das Unternehmen in Position 2 kann Wettbewerber in Feld 1 angreifen, indem es für ein qualitativ gleichwertiges Produkt einen niedrigeren Preis fordert. Noch gefährlicher ist der Anbieter in Position 3, da er einen noch niedrigeren Preis fordert.

Die Optionen 2 und 3 werden als **Preiswettbewerb** bezeichnet. Hierbei unterbietet ein Anbieter bei der Annahme homogener Güter die Preise seiner Wettbewerber. Ein solches Vorgehen ist an zwei Bedingungen geknüpft:

- Die Nachfrage muss elastisch reagieren, d.h. die Preissenkung muss zu einer Umsatzsteigerung führen. Ob dadurch auch der Gewinn steigt, ist jedoch keinesfalls sicher. Um eine diesbezüglich fundierte Entscheidung zu treffen, müsste auch die Kostenveränderungen ins Kalkül gezogen werden.
- Die Konkurrenten dürfen nicht nachziehen (können), da ansonsten ein Preiskampf droht, der für alle Beteiligten wenn nicht die Existenzvernichtung, so doch einen Erlösverfall zur Folge hat.

Die **Übervorteilungsstrategien** schließlich belegen die Positionen 4, 7 sowie 8 und sind dadurch gekennzeichnet, dass sie aus Verbrauchersicht ein ungünstiges Preis/Leistungsverhältnis aufweisen. Der Preis ist in Relation zum Nutzen zu hoch, die Kunden werden übervorteilt. Seriöse Unternehmen werden eine solche Strategie nur einschlagen, wenn sie beabsichtigen, sich in absehbarer Zeit aus einem Markt zurückzuziehen. Ansonsten besteht die Gefahr, durch die Unzufriedenheit der Kunden (Abwanderung, negative Mund-zu-Mund-Werbung) geschädigt zu werden.

7.4 Konditionenmanagement

7.4.1 Überblick

Das Konditionenmanagement umfasst:
- Rabattmanagement,
- Festlegung der Liefer- und Zahlungsbedingungen sowie
- Kreditmanagement (vgl. im Folgenden Meffert 2000, S. 581 - 593; Nieschlag/Dichtl/Hörschgen 2002, S. 749 - 759).

7.4.2 Rabattmanagement

Das Rabattmanagement ist ein Mittel der preispolitischen Feinsteuerung, das dazu dient, generell gültige Preise (z.B. Listenpreise) zu variieren. Häufig ist jedoch zu beobachten, dass in bestimmten Branchen Rabatte einheitlich gewährt werden und damit als allgemein übliches Element der Preisstellung angesehen werden.

Im Wesentlichen lassen sich **zwei Rabattarten** unterscheiden:
- Beim **Geldrabatt** reduziert sich die zu leistende Zahlung gegenüber dem Listenpreis.

- Beim **Naturalrabatt** hingegen erhöht sich die zu liefernde Menge gegenüber der zum Listenpreis berechneten Menge.

Die Gewährung von Rabatten ist an bestimmte **Voraussetzungen** geknüpft. Hierzu zählen u.a. (vgl. Steffenhagen 2001, S. 1459 - 1460):

- Besondere Merkmale des Abnehmers (z.B. im Falle von Großhandelsrabatten, Einzelhandelsrabatten und Konsumentenrabatten; bei Studenten, Rentner-, Beamten-, Belegschafts- und Hochschulrabatten sowie bei Rabatten für Clubmitglieder)
- Kaufvolumen des Abnehmers (z.B. Mengenrabatt, Jahresumsatzrückvergütung, Umsatzbonifikation)
- Kaufzeitpunkt des Abnehmers (z.B. Frühbezugsrabatt, Auslaufrabatt)
- Besondere Belieferungsvereinbarungen (z.B. Selbstabholerrabatt)
- Besondere Marktbearbeitung (z.B. Einführungsrabatt bei Neuprodukteinführungen, Werbekostenzuschüsse = WKZ im Falle der Bewerbung eines Produktes durch den Handel)

Grundsätzlich dienen Rabatte dazu, Gegenleistungen des Abnehmers abzugelten. Welche **Gegenleistungen** das sein können und welche Rabatte daran geknüpft sind, kann beispielhaft Abb. 53 entnommen werden.

Abb. 53: Rabatte als Gegenleistung für die Erfüllung von Handelsfunktionen

Handelsfunktion	Rabattart
Raumüberbrückung	Selbstabholerrabatt
Zeitüberbrückung	Frühbestellerrabatt
Quantitative Warenfunktion	Mengenrabatt
Qualitative Warenfunktion	Listungsrabatt
Markterschließungsfunktion	Funktionsrabatt
Kreditfunktion	Skonto

Infolge der Konzentration im Handel zwingen marktmächtige Unternehmen ihre Lieferanten nicht selten, ihnen Rabatte einzuräumen, ohne entsprechende Gegenleistungen zu erbringen. Ein solches Verhalten gilt als wettbewerbsrechtlich brisant und wird als sog. Nichtleistungswettbewerb bezeichnet. Hierunter fasst man Wettbewerbsbeschränkungen, die dann vorliegen, wenn Marktteilnehmer überdurchschnittlichen Einfluss auf das Marktgeschehen und damit die Möglichkeit besitzen, Zwang, Diskriminierung und Marktmissbrauch auszuüben, d.h. die Entscheidungsfreiheit anderer Marktteilnehmer durch Ausbeutungs-, Behinderungs- und Verdrängungsmissbrauch zu beeinträchtigen.

7.4.3 Festlegung der Liefer- und Zahlungsbedingungen

Lieferbedingungen regeln im Allgemeinen (vgl. hierzu Pepels 2000, S. 604 - 607):

- die Waren- und Produktbeschreibung,
- die Liefermenge,
- die Warenübernahme bzw. -zustellung (Ort und Zeit) sowie das Transportmittel,
- den Zeitpunkt des Gefahrenübergangs,
- die Verteilung der zwischen Verwendung und Ankunft aufgelaufenen Kosten (Abgaben, Zölle, ...),
- Umtauschrecht sowie
- die Konventionalstrafen bei verspäteter Lieferung.

Unterstützung bei der Vereinbarung von Lieferungsbedingungen bieten die sog. **INCOTERMS** (International Commercial Terms; vgl. Bredow/Seiffert 2000). Hierbei handelt es sich um Lieferklauseln, die von der International Chamber of Commerce (ICC), Paris, zur Regelung des internationalen Warenverkehrs herausgegeben werden. Konkret sind die folgenden grundsätzlichen Verkäufer- und Käuferverpflichtungen festgelegt:

- Zahlung des vertragsmäßigen Kaufpreises
- Ort und Zeitpunkt des Übergangs der Gefahr der Beschädigung oder des Verlustes der Ware vom Verkäufer auf den Käufer
- Lieferort und Transportart
- Kostenübergang und die Kostenteilung
- Besorgung des Beförderungs- und des Versicherungsvertrages
- Beschaffung der mit der Aus-, Ein- und Durchfuhr der Waren erforderlichen Dokumente, die Erledigung der notwendigen Formalitäten und die Verteilung der dadurch entstehenden Kosten

Die **Zahlungsbedingungen** ihrerseits fixieren Zahlungsabwicklung, Zahlungsfrist und Zahlungsweise. Hierzu gehören u.a. Regelungen zu folgenden Bereichen:

- Inzahlungnahme von gebrauchten Waren (z.B. beim Verkauf von Kraftfahrzeugen)
- Kompensationsgeschäfte: Hierunter fasst man Transaktionen, bei denen der Lieferant für seine Leistungen kein Geld, sondern Produkte oder Dienstleistungen erhält.

7.4.4 Kreditmanagement

Im Zuge des Kreditmanagement schließlich räumt der Anbieter dem Nachfrager die Möglichkeit ein, die Leistung erst mit einem bestimmten zeitlichen Abstand zur Bereitstellung zu begleichen. Hier ist zum einen die Einräumung mehr oder weniger langer Zahlungsfristen zu nennen. Damit unmittelbar verknüpft ist der Skonto, d.h. ein Barzahlungsrabatt, der den Abnehmer dazu motiviert, den Rechnungsbetrag unverzüglich zu begleichen und den Lieferantenkredit nicht in Anspruch zu nehmen, d.h. das vom Lieferanten eingeräumte Zahlungsziel nicht auszuschöpfen (vgl. Nieschlag/Dichtl/ Hörschgen 2002, S. 755).

| Fallbeispiel | **Berechnung des Skonto** |

Ein Unternehmen räumt seinen Kunden ein Zahlungsziel von 30 Tagen rein netto ein. Zahlt der Kunde innerhalb von zehn Tagen, werden ihm 2 % Skonto gewährt. Nutzt der Kunde das Zahlungsziel von 30 Tagen aus und verzichtet demnach auf Skontierung, kostet ihn dieser Liederantenkredit 36 % Zinsen p.a. = (2 % x 360 Tage) : 20 Tage. Da der Kunde einen solchen Kredit am Kapitalmarkt deutlich günstiger aufnehmen kann, wird er normalerweise den Skonto in Anspruch nehmen. Tut er dies nicht, weist dies entweder auf einen geringen betriebswirtschaftlichen Sachverstand oder auf Zahlungsschwierigkeiten hin, da der Abnehmer am Kapitalmarkt offensichtlich nicht mehr kreditwürdig ist und deshalb den ungünstigen Lieferantenkredit nutzen muss.

Zum anderen bietet sich die Möglichkeit, mittels einer längerfristigen Kreditierung des Kaufpreises, häufig verbunden mit Ratenzahlung, den Kreis der Abnehmer um diejenigen zu erweitern, die zwar kaufwillig, aber zum jetzigen Zeitpunkt nicht zahlungsfähig oder -bereit sind.

7.5 Kontrollaufgaben

Aufgabe 7.1: Arten von Preisstrategien

Ordnen Sie die folgenden Aufgaben den entsprechenden Kategorien zu!

(1) Festlegen der Preislagen, (2) Festlegen eines Gesamtpreises für mehrere Produkte, (3) Fixierung der Einführungspreise und deren Veränderung im Zeitablauf, (4) Preisfestlegung für unterschiedliche Marktsegmente, (5) vertikale Preisempfehlung

- Preisbündelung: ....

- Preisdurchsetzung: ....

- Preisdifferenzierung: ....

- Preispositionierung: ....

- Dynamische Preisstrategie: ....

Aufgabe 7.2: Besonderheiten des Preismanagement

Markieren Sie, ob die folgenden Aussagen richtig oder falsch sind!

Die Mischkalkulation dient u.a. dazu, die Preisforderung für den Verbraucher transparent zu gestalten.   Richtig ☐   Falsch ☐

Die Preispolitik kann im Gegensatz zu den anderen Marketing-Mix-Instrumenten grundsätzlich vergleichsweise kurzfristig variiert werden.

Richtig ☐   Falsch ☐

Nutzt ein Verbraucher den Preis als Qualitätsindikator, schließt er von einem hohen Preis auf eine geringe Qualität.   Richtig ☐   Falsch ☐

Bei der Dauerniedrigpreispolitik trägt man u.a. dem Einbahn-Charakter von Preissenkungen Rechnung.   Richtig ☐   Falsch ☐

Anbieter versuchen, durch Preisabsprachen einen ruinösen Preiswettbewerb zu vermeiden.   Richtig ☐   Falsch ☐

Preisabsprachen sind kartellrechtlich grundsätzlich erlaubt.Richtig ☐   Falsch ☐

Hersteller versuchen, ihre anvisierten Endverbraucherpreise durch die horizontale Preisempfehlung gegenüber Groß- und Einzelhandel abzusichern.

Richtig ☐   Falsch ☐

Hersteller versuchen, durch Selektivvertrieb Untereinstandspreisverkäufen des Handels entgegenzuwirken.   Richtig ☐   Falsch ☐

Beim machtbedingten Konditionensystem erhalten nur diejenigen Abnehmer Rabatte, die entsprechende Gegenleistungen erbringen.

Richtig ☐   Falsch ☐

Aufgabe 7.3: Festlegung des Angebotspreises

Markieren Sie, ob die folgenden Aussagen richtig oder falsch sind!

Das magische Dreieck der Preisfindung berücksichtigt direkt ...

- ... die Kosten eines Produktes.   Richtig ☐   Falsch ☐

- ... die Wettbewerber.   Richtig ☐   Falsch ☐

- ... die Anbieter von Substitutionsgütern. Richtig ☐   Falsch ☐

- ... Verbraucherschutzorganisationen.   Richtig ☐   Falsch ☐

- ... den Gesetzgeber.   Richtig ☐   Falsch ☐

- ... die Medien.   Richtig ☐   Falsch ☐

- ... die Abnehmer.   Richtig ☐   Falsch ☐

Aufgabe 7.4: Kostenorientierte Preisfindung

Markieren Sie, ob die folgenden Aussagen richtig oder falsch sind!

Variable Kosten sind diejenigen Kosten, die lediglich bei den tatsächlich produzierten Produkten oder den tatsächlich erbrachten Leistungen anfallen.

Richtig ☐   Falsch ☐

Fixe Kosten fallen abhängig von der produzierten Menge an.

Richtig ☐   Falsch ☐

Die kostenorientierte Preisbestimmung basiert auf der Überlegung, dass der Preis so gewählt werden muss, dass zumindest die fixen Kosten gedeckt sind.

Richtig ☐   Falsch ☐

Die progressive Kalkulation birgt die Gefahr in sich, sich durch überhöhte Preise, die vom Verbraucher nicht akzeptiert und/oder von Konkurrenten unterboten werden, aus dem Markt herauszukalkulieren.   Richtig ☐   Falsch ☐

Die retrograde Kalkulation dient dazu zu überprüfen, ob Einstandspreise aus der Kostenperspektive vertretbar sind.   Richtig ☐   Falsch ☐

Unter der kostenwirtschaftlichen Preisuntergrenze versteht man denjenigen Preis, bei dessen Unterschreiten es aus Kostengründen geboten erscheint, eine Leistung nicht (mehr) zu erbringen.   Richtig ☐   Falsch ☐

Die langfristige Preisuntergrenze entspricht einem Deckungsbeitrag von 0, d.h. hier deckt der Preis sämtliche variablen Kosten.   Richtig ☐   Falsch ☐

Nichtkostendeckende Preise können betriebswirtschaftlich sinnvoll sein, wenn Folge- bzw. Verbundkäufe zu erwarten sind, welche die Verluste überkompensieren.   Richtig ☐   Falsch ☐

Nichtkostendeckende Preise können im Rahmen einer Preisüberbietungsstrategie betriebswirtschaftlich sinnvoll sein.   Richtig ☐   Falsch ☐

Im Zuge des sukzessiven kalkulatorischen Ausgleichs werden die Preise eines bestimmten Produktes so kalkuliert, dass sie die anfänglichen oder später auftretenden Verluste des gleichen Produktes zumindest kompensieren.
                                                  Richtig ☐   Falsch ☐

Simultaner kalkulatorischer Ausgleich und Mischkalkulation schließen sich gegenseitig aus.   Richtig ☐   Falsch ☐

Aufgabe 7.5: Preisbereitschaft und Preiselastizität

Markieren Sie, ob die folgenden Aussagen richtig oder falsch sind!

Eine Preis/Absatz-Funktion vermittelt die Preisbereitschaft der Verbraucher, indem sie angibt, wie viel Stück eines bestimmten Produktes bei einem bestimmten Preis am Markt abgesetzt werden können.   Richtig ☐   Falsch ☐

In der Regel ist die Preis/Absatz-Funktion negativ geneigt, d.h. mit sinkendem Preis steigt die Nachfrage.   Richtig ☐   Falsch ☐

Im Sättigungspunkt ist der Preis so hoch, dass keine Produkte abgesetzt werden.
                                                  Richtig ☐   Falsch ☐

Die Preiselastizität ist ein Hilfsmittel der kostenorientierten Preisfindung.
                                                  Richtig ☐   Falsch ☐

Die Preiselastizität der Nachfrage gibt darüber Auskunft, wie sich eine Preisänderung auf die Nachfrage auswirkt.   Richtig ☐   Falsch ☐

Unter dem Mengeneffekt versteht man den Umsatz, der durch eine Preissenkung bzw. -erhöhung verloren bzw. hinzugewonnen wird.   Richtig ☐   Falsch ☐

Bei einer elastischen Nachfrage führt eine Preissenkung zu steigenden Erlösen, eine Preiserhöhung zu sinkenden Erlösen.   Richtig ☐   Falsch ☐

Produkte, die eine unelastische Nachfrage aufweisen, zeichnen sich u.a. durch eine hohe Verfügbarkeit von Ausweichprodukten bzw. eine hohe Lagerfähigkeit des Produktes aus.   Richtig ☐   Falsch ☐

Die Elastizität der Nachfrage sinkt mit einer steigenden Dringlichkeit des Bedürfnisses, d.h. die Verbraucher benötigen das Produkt unbedingt sofort.
                                                  Richtig ☐   Falsch ☐

Preisaggressive Unternehmen erhöhen die Preissensibilität der Verbraucher, was letztlich zu einer elastischeren Nachfrage führt.　Richtig ☐　Falsch ☐

Positioniert sich ein Anbieter im Premium- und damit im Hochpreissegment (sog. Präferenz-Strategie), wird er versuchen, die Preiselastizität der Nachfrage möglichst elastisch zu halten.　Richtig ☐　Falsch ☐

Die Preiselastizität lässt einen unmittelbaren Rückschluss auf die Gewinnveränderung eines Unternehmens zu.　Richtig ☐　Falsch ☐

Aufgabe 7.6: Preisdifferenzierung

Ordnen Sie die folgenden Kriterien den entsprechenden Beispielen der Preisdifferenzierung zu!

(1) Absatzmenge, (2) Leistung, (3) Person, (4) Preisbündelung, (5) Raum, (6) Vertriebsweg, (7) Zeit

- 10er Karte im Schwimmbad: ....

- Tag- und Nachttarife eines Telefonanbieters: ....

- Unterschiedliche Gebühren für „klassische" und Online-Kontoführung: ....

- Unterschiedliche Museumseintrittspreise für Rentner, Behinderte, Kinder, Schüler, Studierende und Berufstätige: ....

- Unterschiedliche Preise für Autos in Deutschland und Italien: ....

- Unterschiedliche Preise für ADAC- und ADACPlus-Mitgliedschaft: ....

- Unterschiedliche Preise für einzelne Produkte und Kombinationspackung aus Teigwaren, Olivenöl und Pasta-Sauce: ....

Aufgabe 7.7: Preisdifferenzierung sowie Skimming- versus Penetrationsstrategie

Markieren Sie, ob die folgenden Aussagen richtig oder falsch sind!

Die Preisdifferenzierung basiert auf der Annahme, dass die Preisbereitschaft zwischen Verbrauchersegmenten divergiert.　Richtig ☐　Falsch ☐

Preisdifferenzierung setzt voraus, dass Arbitrage zwischen den Teilmärkten stattfindet.　Richtig ☐　Falsch ☐

Die Skimmingstrategie empfiehlt sich für Produkte mit hohem Innovationsgrad.　Richtig ☐　Falsch ☐

Die Skimmingstrategie empfiehlt sich für Produkte mit anfänglich geringer Produktionskapazität.　Richtig ☐　Falsch ☐

Die Skimmingstrategie empfiehlt sich für Produkte mit hoher kurzfristiger Preiselastizität.   Richtig ☐   Falsch ☐

Die Skimmingstrategie hat den Nachteil, dass sich hiermit die Konsumentenrente
nicht abschöpfen lässt.   Richtig ☐   Falsch ☐

Für die Skimmingstrategie spricht die schnelle Amortisation von Forschungs-&
Entwicklungsaufwendungen.   Richtig ☐   Falsch ☐

Ein Risiko bei der Abschöpfungsstrategie liegt darin, dass durch die hohen Preise
sowie die damit guten Gewinn- und Wachstumschancen neue Konkurrenten
angelockt werden.   Richtig ☐   Falsch ☐

Im Zuge einer Skimmingstrategie ist es erforderlich, frühzeitig Markteintrittsbarrieren gegenüber Imitatoren zu errichten.   Richtig ☐   Falsch ☐

Die Penetrationsstrategie empfiehlt sich bei einer geringen kurzfristigen Preissensibilität.   Richtig ☐   Falsch ☐

Ein Vorteil der Penetrationsstrategie liegt im Erreichen eines durch Wettbewerber nur schwer einholbaren Kostenvorsprungs, da durch schnelle Erhöhung
der kumulierten Absatzmenge Erfahrungskurveneffekte realisiert werden
können.   Richtig ☐   Falsch ☐

Im Vergleich zur Skimmingstrategie dauert es bei der Penetrationsstrategie kür-
zer, bis sich die Investitionen in ein neues Produkt amortisiert haben.

                                                      Richtig ☐   Falsch ☐

Die Penetrationsstrategie birgt die Gefahr in sich, dass Abnehmer mit niedrigen
Preisen häufig eine geringe Produktqualität assoziieren. Richtig ☐   Falsch ☐

Mit der Penetrationsstrategie ist eine erhöhte Flopgefahr verbunden.

                                                      Richtig ☐   Falsch ☐

Aufgabe 7.8: Veranstaltungen zur abnehmer- und anbieterorientierten Preisfixierung

Markieren Sie, ob die folgenden Aussagen richtig oder falsch sind!

Beim Veiling entwickelt sich der Preis von oben nach unten.

                                                      Richtig ☐   Falsch ☐

Beim Veiling erhält derjenige Teilnehmer den Zuschlag, der zuletzt bietet.

                                                      Richtig ☐   Falsch ☐

Bei der klassischen Versteigerung herrscht im Vergleich zum Veiling völlige
Preistransparenz.   Richtig ☐   Falsch ☐

Bei der Submission sind Preisabsprachen generell verboten.

                                                      Richtig ☐   Falsch ☐

Bei der Submission verfügen die Anbieter über eine hohe Markttransparenz, wohingegen beim Nachfrager Ungewissheit vorherrscht. Richtig ☐   Falsch ☐

Aufgabe 7.9: Konkurrenzorientierte Preisfindung

Markieren Sie, ob die folgenden Aussagen richtig oder falsch sind!

Bei der dominanten Preisführerschaft agieren mehrere, im Großen und Ganzen gleichbedeutende Anbieter am Markt, die gegenüber unbedeutenden Wettbewerbern den Marktpreis vorgeben.   Richtig ☐   Falsch ☐

Bei der kolludierenden Preisführerschaft stimmen sich mehrere Anbieter stillschweigend dahingehend ab, dass wechselweise ein Unternehmen die Position des Preisführers einnimmt und die anderen ihm folgen.Richtig ☐   Falsch ☐

Beim Preiswettbewerb unterbietet ein Anbieter bei der Annahme homogener Güter die Preise seiner Wettbewerber.   Richtig ☐   Falsch ☐

Im Zuge des Preiswettbewerbs muss die Nachfrage unelastisch reagieren.
Richtig ☐   Falsch ☐

Die sog. Übervorteilungsstrategien bieten dem Verbraucher ein günstiges Preis/ Leistungsverhältnis.   Richtig ☐   Falsch ☐

Seriöse Unternehmen werden eine Übervorteilungsstrategie nur einschlagen, wenn sie beabsichtigen, sich in absehbarer Zeit aus einem Markt zurückzuziehen.   Richtig ☐   Falsch ☐

Aufgabe 7.10: Berechnung des Skonto

Ein Unternehmen räumt seinen Kunden ein Zahlungsziel von 20 Tagen rein netto ein. Zahlt der Kunde innerhalb von 5 Tagen, werden ihm 2 % Skonto gewährt. Wie hoch sind die Zinsen p.a. für diesen Lieferantenkredit, falls der Kunde auf Skontierung verzichtet?

Lösung: ....

8 Distributionspolitik

Lernziele	Dieses Kapitel vermittelt:

- was man unter Distributionspolitik versteht,
- welche Aufgaben der Distributionspolitik zufallen,
- welche Entscheidungen im Zuge der Wahl des externen und internen Standorts zu treffen sind,
- welche Varianten von Vertriebswegen zur Verfügung stehen und welche jeweiligen Vor- sowie Nachteile diese bieten,
- was es im Rahmen des Kundenmanagement zu beachten gilt und
- welche Optionen im Rahmen der Distributionslogistik zur Verfügung stehen.

8.1 Überblick

Die Distributionspolitik eines Unternehmens umfasst sämtliche Maßnahmen, die den Transfer der Produkte und/oder Dienstleistungen an nachgelagerte Wirtschaftstufen betreffen (vgl. im Folgenden Ahlert 1996; Bruhn 2001, S. 249 - 276; Diller 2001, S. 327 - 328; Froböse/Kaapke 2000, S. 226 - 248; Kotler/Bliemel 1999, S. 851 - 905; Meffert 2000, S. 600 - 677; Nieschlag/Dichtl/Hörschgen 2002, S. 880 - 983; Uhr/Müller 1998). Grundsätzlich lassen sich **zwei Komponenten** unterscheiden:

- Der **physischen Distribution** fällt die Aufgabe zu, die Ware zu verteilen, d.h. eine Leistung vom Ort ihrer Entstehung unter Überbrückung von Raum und Zeit an den Ort zu bringen, wo sie in den Verfügungsbereich des Käufers übergeht.
- Die **akquisitorische Distribution** zielt darauf ab, die Ware zu verkaufen, d.h. den Kontakt zum Kunden anzubahnen und diesen an das Unternehmen zu binden.

Konkret sind folgende Aktionsparameter der Distributionspolitik zu nennen:

- Standortwahl (sowohl extern als auch intern)
- Absatzwegewahl (Wahl der Länge, Tiefe, Breite des Absatzweges sowie des Vertriebsystems, d.h. die Art der Kooperation zwischen Hersteller, Absatzmittler und Verbraucher)
- Kundenmanagement (Information vom und zum Kunden = Informationsfunktion sowie Vorbereitung und Durchführung von Kaufabschlüssen = Akquisitionsfunktion)
- Distributionslogistik (Optimierung von Auftragsabwicklung, Lagerung, Transport, Verpackung sowie Redistribution)

8.2 Standortwahl

8.2.1 Wahl des externen Standorts

Standort bezeichnet den Ort, an dem die Produktionsfaktoren eingesetzt werden, um Produkte und/oder Dienstleistungen herzustellen (vgl. im Folgenden www.newcome.de/gruenderguide/Der_Standort/Einstieg_Standort.php;ww w.frankfurt-main.ihk.de/starthilfefoerderung/existenzgruendung/basisinfos/ standort/#; Stand: 20.03.2003; Müller-Hagedorn 2001, S. 1600 - 1601 sowie 1601 - 1603; o. V. 2003, S. 19).

Anlässe für eine Standortentscheidung können sein:

- Neugründung,
- Verlegung,
- Spaltung bzw. Zusammenlegung sowie
- Schließung.

Dabei kann die Standortentscheidung auf **drei Ebenen** angesiedelt sein:

- internationale Standortwahl (sog. Makro-Standortwahl, z.B. einzelne Länder),
- interlokale Standortwahl (sog. Meso-Standortwahl, z.B. Regionen oder Orte) sowie
- lokale Standortwahl (sog. Mikro-Standortwahl, z.B. bestimmte Objekte).

Auf jeder dieser Ebenen lassen sich **harte und weiche Standortfaktoren** identifizieren. Harte Standortfaktoren sind quantifizierbar und leicht messbar, bei weichen Faktoren ist das Gegenteil der Fall. Letztere lassen sich weiter differenzieren in weiche **unternehmensbezogene** Faktoren (etwa Wirtschaftsklima) und weiche **personenbezogene Faktoren** (z.B. Freizeitangebot einer Region). Die Ausprägungen der jeweils relevanten Standortfaktoren bedingen die Entscheidung für oder gegen einen Standort. Einen Überblick über die zahlreichen **Standortfaktorenkataloge** vermittelt Bienert (1996), der aus 30 Katalogen **vier Basisdimensionen** herausdestilliert hat:

- Verkehr,
- Konkurrenz,
- Konsum sowie
- Raum.

Stehen mehrere Standorte zur Auswahl, unterstützen sog. **Scoring-Modell**e, die in der Regel folgendermaßen aufgebaut sind:

- Identifikation der für den Betrieb relevanten Standortfaktoren
- Gewichtung der Standortfaktoren nach ihrer Bedeutung für den Betrieb
- Bewertung der einzelnen Standorte anhand der Qualität der Standortfaktoren
- Multiplikation der Gewichtungsfaktoren mit der Qualitätsbewertung
- Addition der Punkte für jeden Standort

Der Standort mit der höchsten Punktzahl entspricht am besten den Anforderungen. Die Güte eines solchen Scoring-Modells hängt im Wesentlichen von der Vollständigkeit und Überschneidungsfreiheit der Standortfaktoren ab. Letzteres gewährleistet die Vermeidung von Doppelbeurteilungen.

| Fallbeispiel | **Standortwahl auf Basis eines Scoring-Modells** |

Die drei Standorte A, B und C stehen zur Auswahl (vgl. Tab. 5). Diese werden anhand von neun Einflussfaktoren jeweils anhand einer von 1 = sehr schlecht bis 10 = sehr gut reichenden Skala bewertet. Die Gewichtung der Standortfaktoren nach ihrer Bedeutung für den Betrieb erfolgt auf einer Skala von 1 - 10, wobei 10 sehr wichtig und 1 unwichtig bedeuten. Die Gewichtungsfaktoren werden mit der Qualitätsbewertung multipliziert und sodann für jeden Standort addiert. Standort C entspricht mit 380 Punkten am ehesten den Anforderungen.

Quelle: www.Fbwi. fh-karlsruhe.de/existenzgruendung/Basiskurs/Orientierung/ OstandortanalyseT. Htm; Stand: 20.03.2003.

Tab. 5: Beispiel für ein Scoring-Modell im Zuge der Standortanalyse

Standort Einflussfaktoren	Gewichtung	A		B		C	
		Bewertung	Punkte	Bewertung	Punkte	Bewertung	Punkte
Kundennähe	10	3	30	2	20	8	80
Verkehrslage	8	3	24	4	32	5	40
Kundenparkplätze	8	2	16	6	48	4	32
Versorgung/ Energie	5	4	20	5	25	5	25
Konkurrenz	8	3	24	2	16	5	40
Kosten	7	5	35	4	28	5	35
Anliefermöglichkeiten	7	5	35	8	56	5	35
Nutzungsbeschränkung	8	2	16	7	56	8	64
Erweiterungsmöglichkeiten	6	1	6	4	24	5	30
Summe Punkte			206		305		380
Rang			3		2		1

8.2.2 Management des innerbetrieblichen Standorts

Im Zuge der innerbetrieblichen Standortwahl bzw. -gestaltung (= Space Management) sind folgende Entscheidungsfelder zu unterscheiden:

- Ladengestaltung,
- Platzierung von Waren auf der Verkaufsfläche sowie
- Anordnung von Waren innerhalb der Warenträger (vgl. Haller 2001, S. 330 - 335; Müller-Hagedorn 2002, S. 307 - 313).

Die **Ladengestaltung** i.w.S. setzt sich zusammen aus:

- Fassadengestaltung,
- Schaufenstergestaltung,

- Ladengestaltung i.e.S. (Layout, Boden-, Treppen-, Deckengestaltung, Möblierung, Dekoration, Beleuchtung, Hintergrundmusik, Raumklima) und Warenpräsentation (= Visual Merchandising) sowie
- Kassenorganisation (vgl. Diller 2001, S. 886 - 889).

Bei der **Platzierung der Waren auf der Verkaufsfläche** ist zu klären, an welcher/n Stelle/n innerhalb der gesamten Verkaufsfläche welche Waren in welchem Umfang positioniert werden sollen. Bei der Anordnung der Ware lässt sich eine Vielzahl von Kriterien anwenden, wie z.B. Warengliederungen nach Materialien, Größen, Farben, Preislagen, Marken bzw. Herstellern, Zielgruppen, Bedarfskreisen, Saisoncharakter, Aktionscharakter, technischen Merkmalen, Herkunft usw. (vgl. Diller 2001, S. 1838).

Flankierend gilt es ins Kalkül zu ziehen, dass die Platzierung der Ware die Wegführung des Kunden und umgekehrt beeinflussen kann. Zum einen können attraktive Artikel so positioniert werden, dass sie den Kunden durch verkaufsschwache Zonen lenken. Zum anderen bietet sich die Option, ertragsstarke Artikel in verkaufsstarken Bereichen anzusiedeln. Hierzu zählen:

Schließlich muss zwischen einer Einmal- und einer Zweit- bzw. Mehrfachplatzierung entschieden werden. Für letztere eignen sich der Eingangsbereich, Gänge, das Ende eines Ganges oder der Kassenbereich. Mit Zweit- und Mehrfachplatzierungen will man auf Produkte aufmerksam machen und/ oder (vermeintliche oder tatsächliche) Preisgünstigkeit demonstrieren (vgl. Gedenk 2001, S. 1946 - 1947).

Hinsichtlich der **Platzierung von Waren innerhalb der Warenträger** hat sich eine vertikale Positionierung in Sicht- bzw. Griffhöhe als optimal herausgestellt, wohingegen die Bückzone grundsätzlich vergleichsweise geringe Abverkaufszahlen aufweist. Diesen Erkenntnissen folgend werden ertragsstarke Artikel im Regelfall in der Sichtzone platziert, wohingegen ertragsschwächere und/oder qualitativ geringer wertige Artikel in der Bückzone eingeordnet werden. Erweiternd sollten jedoch auch die Schwere (bzgl. leichterer Entnahme) und Stabilität der Waren (bzgl. Bruchgefahr) sowie die Auffälligkeit der jeweiligen Verpackung berücksichtigt werden. Grundsätzlich lassen sich schlechtere vertikale Positionierungen durch breitere horizontale Anordnungen kompensieren (vgl. Diller 2001, S. 1839).

Neben dem Regalplatz müssen die **Regalvolumina** festgelegt werden. Hierbei gilt es:

- Facing (= Platzierungsmenge, die ein einzelner Artikel an der Front des Regals einnimmt),

- Front (= vertikaler Abstand zu anderen Artikeln) und
- Bestandsmenge im Regal

unter artikelspezifischen Rohertrags- und Deckungsbeitragsgesichtspunkten zu optimieren.

Um den Erfolg von Platzierungsmaßnahmen zu überprüfen, bietet es sich an, **Produktivitätskennzahlen** zu berechnen. Hierbei wird die Erfolgsgröße (etwa Umsatz, Rohertrag, Deckungsbeitrag) ins Verhältnis zur Bezugsgröße (etwa genutzte Fläche des Verkaufsraums, des Regals etc.) gesetzt.

Fallstudie	Flächenproduktivität bei Real

Die zur Metro-Gruppe gehörende Real Warenhausgruppe mit Sitz in Mönchengladbach erwirtschaftete im Jahr 2000 mit einer durchschnittlichen Anzahl von 66.000 Artikeln einen Umsatz von 8,11 Mrd. Euro. Die 246 SB-Warenhäuser haben eine durchschnittliche Fläche von 7.115 qm. Insgesamt vertreibt Real seine Artikel also auf 1.750.290 qm. Daraus ergibt sich eine Flächenproduktivität von 4.633 Euro pro qm (= 8,11 Mrd. Euro : 1.750.290 qm).

Ein interessantes Beispiel für die Aussagekraft von Flächenproduktivität bietet die Tatsache, dass die Real-Gruppe ihre Fläche etwa 50:50 auf den Food- und den Non-Food-Bereich aufgeteilt hat, die Umsätze sich aber im Verhältnis 74:26 zugunsten des Food-Bereichs verteilen. Für den Non-Food-Bereich gilt also in Bezug auf den Umsatz eine wesentlich ungünstigere Flächenproduktivität als für den Food-Bereich.

Abschließend bleibt festzuhalten, dass sich das Management des innerbetrieblichen Standorts keinesfalls ausschließlich von den hier fokussierten Marketingüberlegungen leiten lassen darf. Vielmehr gilt es, flankierend zum Marketingstandpunkt technische, ablauforganisatorische, kostenwirtschaftliche und nicht zuletzt gesetzliche Gesichtspunkte ins Kalkül zu ziehen (vgl. Lerchenmüller 1995, S. 110 - 111).

8.3 Bestimmung der Absatzwege

Will ein Unternehmen seine Produkte vertreiben, so stehen grundsätzlich **zwei Optionen** zur Verfügung (vgl. im Folgenden Ahlert 1996; Nieschlag/ Dichtl/Hörschgen 2002, S. 886 - 915; Schröder/Ahlert 2001, S. 1809 - 1814; Specht 1998):

- **Direkter Vertrieb** über unternehmenseigene bzw. interne Aufgabenträger. Hierfür sprechen der größere Einfluss auf den Vertriebskanal sowie der direkte Zugang zu Kundeninformationen. Der direkte Vertrieb eignet sich im Falle:
  - o erklärungsbedürftiger und/oder sortimentsungebundener Produkte,
  - o weniger Großabnehmer sowie
  - o monopolähnlicher Position als Spezialhersteller.
- **Indirekter Vertrieb** über unternehmensfremde bzw. externe Aufgabenträger. Als Stärken gelten die hohe Distributionsdichte, die geringe Kapitalbindung, die Sortimentsbildung und Kundennähe des Handels sowie die Möglichkeit, durch relativ wenige Kontakte zu Absatzmittlern eine hohe Zahl von potentiellen Nachfragern zu erreichen. Der indirekte Vertrieb eignet sich bei:
  - o problemlosen und/oder sortimentsgebundenen Markenartikeln,
  - o zahlreichen Kleinabnehmern sowie
  - o einem hohen Bekanntheitsgrad des Produzenten als Markenartikelhersteller.

Zu den **internen Aufgabenträgern** zählen:

- **Verkaufsabteilung**: Bei Vorhandensein eines Außendienstes (z.B. Reisende, Handelsvertreter) fallen der Verkaufsabteilung tendenziell eher verkaufspassive Tätigkeiten sowie der Telefonverkauf zu.
- **Verkaufsniederlassungen**, d.h. Verkaufsorgane, die durch Ausgliederung der Verkaufsabteilung aus dem Mutterunternehmen entstehen, aber rechtlich und wirtschaftlich in die Organisation eines Herstellers eingebunden sind. Für die Einrichtung von Verkaufsniederlassungen sprechen folgende Gründe:
  - o Nähe zu den Abnehmern,
  - o intensive Betreuung des Kunden,
  - o Erbringung von technischen und kaufmännischen Kundendienstleistungen sowie
  - o schnelle Belieferung.
- **Reisende**: Hierbei handelt es sich um Angestellte des Unternehmens, die an die Weisungen ihres Arbeitgebers gebunden sind und die Kunden in regelmäßigen Zeitabständen aufsuchen (vgl. hierzu auch §§ 59 ff. HGB).
- **Geschäftsleitung**. Diese schaltet sich ab einem bestimmten Auftragsvolumen, bei wichtigen Abnehmern und/oder im Falle einer begrenzten Anzahl von Abnehmern (etwa bei kleinen und mittelständischen Unternehmen sowie im Investitionsgütersektor) in die akquisitorische Distribution ein.

Im Zuge des indirekten Vertriebs werden **externe Aufgabenträger** eingeschaltet. Hierzu zählen:

- **Absatzmittler**: Hierbei handelt es sich um wirtschaftlich und rechtlich selbständige Organe, die beim Prozess der Distribution absatzpolitische Instrumente einsetzen. Im Wesentlichen sind dies die Betriebsformen Groß- und Einzelhandel mit den auf der jeweiligen Absatzstufe anzutreffenden vielfältigen Betriebstypen.

- **Absatzhelfer**. Diese sind ebenso wie die Absatzmittler rechtlich selbständig, erwerben im Gegensatz zu diesen jedoch kein Eigentum an der Ware. Hierzu gehören neben absatzunterstützenden Organen wie Warenlogistik- (z.B. Spediteure, Frachtführer, Lagerhalter), Marketing- (aus den Bereichen Markt- und Handelsforschung, Verkaufsförderung, Werbung und Kundenbetreuung) und Finanzdienstleister (etwa Kreditinstitute, Versicherungen, Factoring-Gesellschaften):

  o **Makler**, deren Aufgabe darin besteht, zwischen Anbieter und Nachfrager in gegenseitigem Einvernehmen zu vermitteln und so zur Anbahnung von Vertragsabschlüssen beizutragen (vgl. hierzu auch §§ 93 ff. HGB). Ihnen kommt bei Versteigerungen (etwa Wolle, Obst, Gemüse) sowie beim Handel von Grundstücken, Immobilien, Versicherungen und Finanzdienstleistungen Bedeutung zu.

  o **Kommissionäre**, die auf Rechnung ihres Auftraggebers (Kommittent), aber in eigenem Namen handeln (vgl. hierzu auch §§ 383 ff. HGB). Sie kaufen Waren und/oder Wertpapiere und veräußern diese. Für ihre Aktivitäten erhalten Kommissionäre eine umsatzabhängige Provision.

  o **Handelsvertreter**, die rechtlich selbständig für mindestens ein anderes Unternehmen Geschäfte vermitteln oder abschließen. Sie verkaufen die Produkte im Namen und für Rechnung des Auftraggebers (z.B. Hersteller, Großhandelsunternehmen) und erwerben demnach auch kein Eigentum an der Ware (vgl. hierzu auch §§ 84 ff. HGB). Ihr Aufgabenbereich gestaltet sich analog zu dem von Reisenden. Als Vorteile von Handelsvertretern aus Sicht von Hersteller und Großhandel gelten das Vorhandensein eines Kundenstamms, keine Fixkostenbelastung und damit kein Auslastungsrisiko sowie die Ergänzung des eigenen Sortiments durch Zweitsortimente und damit höhere Produktakzeptanz. Als nachteilig können sich die schlechtere Steuerbarkeit durch beschränkte Weisungsbefugnis, der nur indirekte Kontakt zum Kunden sowie die Unsicherheit über das Engagement für die eigenen Produkte erweisen.

- **Marktveranstaltungen.** Hierbei handelt es sich um institutionalisierte Gelegenheiten zur Gewinnung von Informationen, Herstellung und Pflege von Kontakten sowie Anbahnung und zum Abschluss von Geschäften. Beispiele hierfür sind:
  - o **Messen**: Hier werden Fertigwaren eines oder mehrerer Wirtschaftszweige ausgestellt. Diese Form der Marktveranstaltung wird regelmäßig an einem bestimmten Ort durchgeführt, ist zeitlich begrenzt und meist an Fachbesucher gerichtet. Für Aussteller (Anbieter) und Messebesucher (Nachfrager) bietet sich somit die Chance, persönlich in Kontakt zu treten.
  - o **Auktionen**, wobei grundsätzlich zwei Formen unterschieden werden. Bei der Versteigerung, bei welcher der Preis vollkommen transparent ist, ruft der Auktionator die Ware einzeln auf. Die Kaufinteressenten versuchen, durch ihr jeweiliges Preisgebot andere Nachfrager zu überbieten und dadurch die angebotene Ware zu ersteigern, indem sie sich in ihren Preisgeboten gegenseitig überbieten. Beim Veiling hingegen setzt der Auktionator den geforderten Preis stetig bis zu einem Mindestpreis herab. Wer zuerst zuschlägt, erhält die Ware.
  - o **Warenbörsen**, an denen fungible Waren (z.B. landwirtschaftliche Produkte, Kaffee, Zucker), aber auch Kontrakte (z.B. Termingeschäft), Währungen und Finanzinstrumente zumeist international gehandelt werden.

Abb. 54: Varianten von Absatzwegen

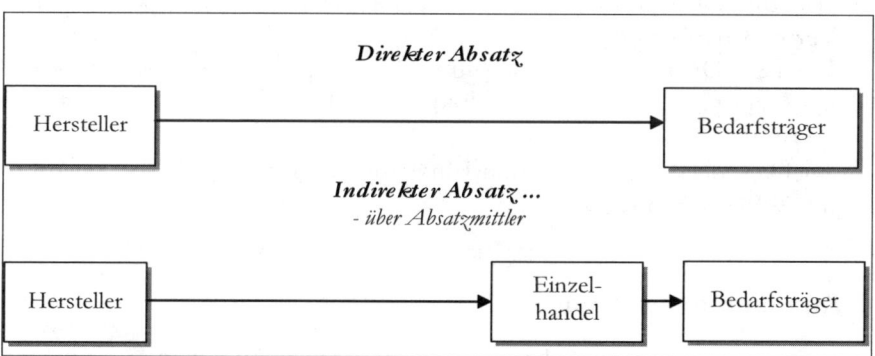

Abb. 54 Varianten von Absatzwegen *(Fortsetzung)*

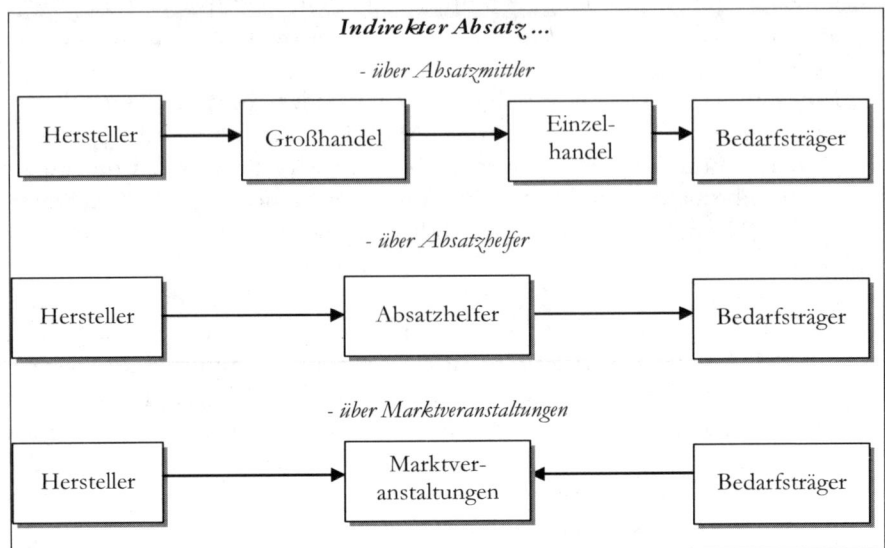

Entscheidet sich ein Unternehmen für den indirekten Absatz, gilt es weiterhin festzulegen (vgl. Nieschlag/Dichtl/Hörschgen 2002, S. 916 - 918):

- Anzahl der Vertriebspartner
  - o Exklusive Distribution: geringe Zahl ausgesuchter Partner
  - o Selektive Distribution: Einschaltung mehrerer, aber nicht aller willigen Vertriebspartner
  - o Intensive Distribution: Einschaltung alle möglichen Partner, was zu hoher Marktpräsenz bis hin zur Ubiquität (= Überallerhältlichkeit der Ware) führt
- Ähnlichkeit der Vertriebspartner: Eingleisige versus mehrgleisige Distribution (= Multi-Channeling)

8.4 Kundenmanagement

Dem Kundenmanagement fallen die akquisitorischen Aufgaben zu, Informationen an (potentielle) Kunden zu übermitteln und Informationen über den Markt zu sammeln (= Informationsfunktion) sowie Aufträge zu erlangen (= Kontrahierungsfunktion; vgl. Nieschlag/Dichtl/Hörschgen 2002, S. 934 - 953). Hierzu gilt es, folgende **Entscheidungen** zu treffen:

- Wahl der Betreuungsorgane (Reisende, Handelsvertreter, Verkaufsabteilung, Geschäftsleitung etc.)

- Wahl der Kommunikationsform (Persönlicher Verkauf, Verkauf über Kommunikationsmedien, Ausschreibungen etc.)
- Wahl der Kontraktformen (Einzelaufträge, Rahmenvereinbarungen, Jahresabschlüsse etc.)

8.5 Distributionslogistik

Im Zuge der Distributionslogistik gilt es sicherzustellen, dass
- die richtigen Waren
- zur richtigen Zeit
- in der richtigen Menge
- am gewünschten Ort
- im gewünschten Zustand und
- zu möglichst geringen Kosten

den Kunden erreichen (vgl. Bruhn 2001, S. 270).

Die Distributionslogistik besteht aus den Systemelementen:
- Auftragsabwicklung,
- Lagerhaltung,
- Transport,
- Verpackung sowie
- Redistribution,

die durch Waren- und Informationsflüsse miteinander verbunden sind (vgl. im Folgenden Pfohl 1996; Froböse/Kaapke 2000, S. 240 - 243).

Die **Auftragsabwicklung** umfasst folgende **Entscheidungsfelder**:
- Form der Auftragsübermittlung (persönlich oder medial per Telefon, Brief, Fax, Internet, Email etc.)
- Form der Auftragsbearbeitung (automatisiert versus manuelle Abarbeitung; Reihenfolge: nach Auftragseingang versus Priorität aufgrund Kundenstatus oder Auftragsvolumen; Geschwindigkeit)
- Analyse des Auftrags als Informationsquelle. Beispielsweise können auf Basis der bisherigen Aufträge der Kundenwert berechnet, Cross-Selling-Potential aufgespürt und/oder Wiederbeschaffungszeitpunkte prognostiziert werden.
- Weiterleitung der Auftragsinformation an Kommissionierung, Fakturierung etc.

Im Zuge der **Lagerhaltung** gilt es festzulegen:

- Lagerstandort: Wo sollen Lager angesiedelt werden? Hier muss sich grundsätzlich zwischen zentraler und dezentraler Lagerhaltung entschieden werden, wobei die jeweils anvisierte Nähe zu den Abnehmern, Schnelligkeit der Lieferung und Höhe der Kosten ins Kalkül zu ziehen sind.
- Lagerumfang: Wie viele Produkte sollen vorrätig sein? Auf der Suche nach dem optimalen Lagerumfang gilt es, die zeitliche Diskrepanz zwischen Produktionsrhythmus und Nachfrageverlauf, die anvisierte Lieferfähigkeit sowie etwaige Produktionsstörungen (etwa durch Streik) zu berücksichtigen.
- Eigen- versus Fremdbetrieb der Lagerhäuser, wobei die Stabilität und räumliche Konzentration der Nachfrage sowie die erforderlichen Kenntnisse hinsichtlich der Lagerhaltung die Wahl beeinflussen.
- Lagerausstattung und -organisation (Personal, Regale und sonstige Warenträger, Beleuchtungseinrichtungen, Geräte zur Kühlung, Belüftung, Beheizung, Befeuchtung, Brandabwehr etc.; geordnete versus chaotische Lagerhaltung)
- Kauf versus Miete von Lagerhaus und -ausrüstung

Beim **Transport** müssen folgende Entscheidungen getroffen werden:
- Art der Transportmittel (Bahn, Schiff, Auto, Flugzeug)
- Eigen- versus Fremdbetrieb der Transportmittel
- Kauf versus Miete der Transportmittel
- Kombination der Transportmittel
- Organisation der Transportabwicklung (Wahl optimaler Transportwege, Einsatzpläne und Beladung der Transportmittel usw.)

Neben der Verkaufs- (= Information und Präsentation der Ware zur Steigerung des Absatzes) und Verwendungsfunktion (= Erleichterung des Konsums der Ware) erfüllt die **Verpackung** im Zuge der Distributionslogistik insbesondere folgende Funktionen:
- Schutzfunktion = Schutz des Packgutes vor Umwelteinflüssen sowie Schutz der Umwelt vor Packgut
- Lager-, Transport- und Manipulationsfunktion = Verbesserung der Transport-, Lager- und Manipulationsfähigkeit sowie der Raumausnutzung
- Bildung logistischer Einheiten (Lager-, Transporteinheiten usw.) als Voraussetzung für die Bildung rationeller Transportketten

Der **Redistribution** schließlich fällt die Aufgabe zu, Verpackungen und Altprodukte an Hersteller und Handelsunternehmen zurückzuführen mit dem Ziel, diese ökologiefreundlich weiterzuverwenden, zu recyceln oder zu entsorgen. Ob und in welchem Maße ein Unternehmen seine Produkte redistribuiert, kann von den gesetzliche Rahmenbedingungen, aber auch vom Stellenwert des Umweltschutzgedankens in der Firmenphilosophie abhängen (vgl. Froböse/Kaapke 2000, S. 242 - 243).

| **Fallstudie** | **Redistribution – die Entsorgung von Alt-Computern** |

Die durchschnittliche Nutzungsdauer eines Computers hat sich in den vergangenen Jahrzehnten stark verkürzt. Wurde ein Gerät, das in den sechziger Jahren erworben wurde, noch zehn Jahre lang genutzt, sind dies heutzutage gerade noch vier bis fünf Jahre. Ähnliches gilt für andere Elektro- und Elektronikgeräte, was zur Konsequenz hat, dass die rund 38 Millionen deutschen Haushalte jährlich 1,5 Millionen Tonnen Elektronikschrott produzieren.

Angesichts dieser Entwicklung musste der Gesetzgeber reagieren und verpflichtet ab 2005 sämtliche Produzenten in Europa, Altgeräte zurückzunehmen. Die Hersteller müssen nunmehr die Abholung der Computer und anderer Elektronikgeräte von den kommunalen Sammelstellen sowie deren Wiederverwertung und Entsorgung finanzieren. Im Falle gewerblich genutzter Geräte wird die Rücknahme zwischen Hersteller und Nutzer geregelt.

Angesichts des Preiskampfs auf dem Markt für Personalcomputer können die damit verbundenen Zusatzkosten nicht an die Kunden weitergegeben werden, so dass die zusätzlichen Belastungen durch niedrigere Produktionskosten kompensiert werden müssen.

Quelle: Knop, C.: Wenn der neue Computer zum alten Eisen wird, in: Frankfurter Allgemeine Zeitung, Nr. 139 vom 18.06.2004, S. 18.

8.6 Kontrollaufgaben

Aufgabe 8.1: Die Wahl des externen Standorts

Markieren Sie, ob die folgenden Aussagen richtig oder falsch sind!

Standortentscheidungen fallen ausschließlich bei der Neugründung von Unternehmen an.   Richtig ☐   Falsch ☐

Bei der Wahl des Meso-Standortes geht es darum, optimale Grundstücke oder Gebäude auszuwählen.   Richtig ☐   Falsch ☐

Harte Standortfaktoren sind quantifizierbar und leicht messbar.
                                                        Richtig ☐   Falsch ☐

Das Freizeitangebot einer Region gehört zu den weichen unternehmensbezogenen Standortfaktoren.   Richtig ☐   Falsch ☐

Aufgabe 8.2: Scoring-Modelle im Rahmen der Standortwahl

Bringen Sie die folgenden Aufgaben bei der Erstellung eines Scoring-Modells in die richtige Reihenfolge!

(1) Addition der Punkte für jeden Standort; (2) Auswahl des Standorts mit der höchsten Punktzahl; (3) Bewertung der einzelnen Standorte anhand der Qualität der Standortfaktoren; (4) Gewichtung der Standortfaktoren nach ihrer Bedeutung für den Betrieb; (5) Identifikation der für den Betrieb relevanten Standortfaktoren; (6) Multiplikation der Gewichtungsfaktoren mit der Qualitätsbewertung.

- ....
- ....
- ....
- ....
- ....
- ....

Aufgabe 8.3: Bestimmung der Absatzwege und Kundenmanagement

Markieren Sie, ob die folgenden Aussagen richtig oder falsch sind!

Für den direkten Vertrieb sprechen der größere Einfluss auf den Vertriebskanal sowie der direkte Zugang zu Kundeninformationen.   Richtig ☐   Falsch ☐

Ein Vorteil des direkten Vertriebs liegt in der Unabhängigkeit von der Preispolitik des Handels.   Richtig ☐   Falsch ☐

Der direkte Vertrieb eignet sich im Falle von Produkten, die wenig Erklärungsbedarf erfordern.   Richtig ☐   Falsch ☐

Mit dem direkten Vertrieb können Absatzmittler (z.B. Handelsvertreter) und Absatzhelfer (z.B. Groß- und Einzelhandel) umgangen werden.   Richtig ☐   Falsch ☐

Der indirekte Vertrieb eignet sich im Falle von zahlreichen Kleinabnehmern.   Richtig ☐   Falsch ☐

Ubiquität lässt sich mittels direkter Distribution besser erreichen.   Richtig ☐   Falsch ☐

Unternehmen, die ihre Produkte über Absatzmittler oder Absatzhelfer vertreiben, sparen die Kosten für Aufbau und Unterhaltung eines eigenen Vertriebsnetzes.   Richtig ☐   Falsch ☐

Makler, Kommissionäre und Handelsvertreter zählen zu den Absatzmittlern.

Richtig ☐   Falsch ☐

Beim Veiling setzt der Auktionator den geforderten Preis stetig bis zu einem Mindestpreis herab. Wer zuerst zuschlägt, erhält die Ware.

Richtig ☐   Falsch ☐

Im Zuge der selektiven Distribution werden wenige ausgesuchte Vertriebspartner eingeschaltet.   Richtig ☐   Falsch ☐

Intensive Distribution führt zu hoher Marktpräsenz bis hin zur Ubiquität.

Richtig ☐   Falsch ☐

Beim Multi-Channeling werden mehrere unterschiedliche Vertriebswege parallel genutzt.   Richtig ☐   Falsch ☐

9 Kommunikationspolitik

Lernziele	Dieses Kapitel vermittelt:

- was man unter Kommunikationspolitik versteht und welche Aufgaben hierbei anfallen,
- auf welchen theoretischen Grundlagen die Kommunikationspolitik basiert,
- welche klassischen sowie innovativen Instrumente der Kommunikationspolitik zur Verfügung stehen und
- welche Gestaltungsmöglichkeiten die einzelnen Instrumente bieten.

9.1 Begriff, Bedeutung und Aufgaben

Die Kommunikationspolitik umfasst sämtliche Entscheidungen, welche die bewusste Gestaltung von Informationen betreffen, die auf die Umwelt und an die Mitarbeiter eines Unternehmens gerichtet sind (vgl. im Folgenden Bruhn 2002; Nieschlag/Dichtl/Hörschgen 2002, S. 985 - 1164; Stender-Monhemius 2002, S. 162 - 203; Kotler/Bliemel 1999, S. 907 - 1030; Pepels 2000, 613 - 732; Bagozzi/Rosa/Celly/Coronel 2000, S. 627 - 720; Froböse/Kaapke 2000, S. 248 - 283; Bodenstein/Spiller 1998, S. 204 - 221). Einen übergeordneten Rahmen, in den die Kommunikationspolitik eingebunden werden muss, bildet die **Corporate Identity** (= CI; vgl. hierzu Birkigt/Stadler/Funck 1998). Hierunter versteht man die Identität einer Körperschaft bzw. eines Unternehmens, wobei sich **drei wesentliche Dimensionen** identifizieren lassen:

- Selbstbild im Sinne der Gesamtheit aller Einstellungen, Kenntnisse, **Erfahrungen**, Wünsche und Gefühle der Mitarbeiter gegenüber dem eigenen Unternehmen
- **Fremdbild**, d.h. sämtliche Einstellungen, Kenntnisse, Erfahrungen, Wünsche und Gefühle der externen Stakeholders (= Kunden, Lieferanten, Öffentlichkeit, Staat etc.) gegenüber einem Unternehmen
- **Idealbild**, d.h. das von den Gestaltern des CI-Prozesses geplante zukünftige Selbst- und Fremdbild eines Unternehmens

Als **Instrumente** der Corporate Identity sind zu nennen:

- **Corporate Behavior**

  Hierunter versteht man den Umgang der Mitarbeiter untereinander und gegenüber Externen sowie das Auftreten des Unternehmens als Ganzes in seinem Umfeld (z.B. Preis-, Finanzierungs-, Ausbildungs-, Informationsverhalten).

- **Corporate Communications**

  Diese umfasst die nach innen und außen gerichtete Kommunikation der Mitarbeiter sowie das ganzheitliche Kommunizieren des Unternehmens mit seiner Umwelt.

- **Corporate Design**

  Der optische Eindruck eines Unternehmens setzt sich aus einer externen (Produkt-, Graphik- und Architekturdesign) und einer internen Komponente (Größe und Ausstattung der Geschäftsräume und Büros sowie Kleidung der Mitarbeiter) zusammen.

Die Kommunikationspolitik gilt gemeinhin als Sprachrohr des Marketing. Konkret erfüllt sie folgende **Aufgaben** (vgl. Meffert 2000, S. 724 - 726):

- **Informationsfunktion**

  Mittels des Kommunikationsinstrumentariums informieren Anbieter über die Existenz eines (neuen) Produkts sowie über dessen Eigenschaften, Preis, Verfügbarkeit etc.

- **Positionierungsfunktion**

  Die Unternehmenskommunikation beeinflusst die Wahrnehmung eines Produkts, indem sie bestimmte Eigenschaften des Produktes hervorhebt, dadurch gegenüber der Konkurrenz differenziert und damit letztlich zu dessen Positionierung beiträgt.

- **Angriffsfunktion**

  Die vergleichende Werbung beispielsweise greift direkt das Angebot der Wettbewerber an.

- **Standardisierungsfunktion**

  Die Unternehmenskommunikation dient dazu, Geschmack und Präferenzen von Verbrauchern zu vereinheitlichen. Hierdurch reduziert sich die Heterogenität der Nachfrage, was der Massenproduktion entgegenkommt.

- **Beeinflussungsfunktion**

  Die Unternehmenskommunikation zielt darauf, Verbraucher zu einem bestimmten Verhalten zu veranlassen. Dies können der Erwerb einer Unternehmensleistung, die Teilnahme an Tests oder Aktionen und sonstige Verhaltensweisen (z.B. vernünftiges Autofahren, Teilnahme an Vorsorgeuntersuchungen, gesunde Ernährung, körperliche und geistige Fitness) sein.

- **Steuerungsfunktion**

  Die Unternehmenskommunikation steuert die Nachfrage mit dem Ziel, Angebot und Nachfrage auszugleichen. Damit stellt die Kommunikationspolitik ein flankierendes bzw. alternatives Instrument zur Preispolitik dar. Unternehmenskommunikation lässt sich zu diesem Zweck antizyklisch einsetzen, d.h. bei Nachfragerückgang wird der Einsatz intensiviert. Des Weiteren kann das Engagement saisonal variieren (etwa Verstärkung in der Vorweihnachtszeit). Nicht zuletzt bietet sich die Möglichkeit, die Kommunikationspolitik dem Lebenszyklus eines Produktes anzupassen.

- **Bestätigungsfunktion**

  Die Unternehmenskommunikation bestätigt den Verbraucher darin, die richtige Kaufentscheidung getroffen zu haben. Dadurch trägt sie dazu bei, Nachkaufdissonanzen bzw. kognitive Dissonanzen zu vermeiden bzw. abzubauen.

Der Vollständigkeit halber sei angemerkt, dass kommunikative Wirkungen nicht nur von der Kommunikationspolitik, sondern auch von anderen Marketing-Instrumenten ausgehen. Als Beispiele können Produkt (Design, Farbe, Ton, Material), Verpackung und Verkaufsgespräch angeführt werden.

Fallstudie	Antizyklische Werbung – die Automobilindustrie

Pro verkauftes Auto in Deutschland werden rund 2,2 Prozent des durchschnittlichen Kaupreises in Werbung investiert. Dabei fallen die Werbeausgaben pro Einheit umso höher aus, je geringer der Marktanteil ist. Dies führt dazu, dass Importmarken pro verkaufte Einheit vergleichsweise viel in die Werbung investieren, um auf diese Weise den geringeren Bekanntheitsgrad gegenüber deutschen Marken zu kompensieren.

Deutsche Hersteller verhalten sich grundsätzlich eher prozyklisch, d.h. in Zeiten einer Absatzflaute reduzieren sie ihre Werbeaufwendungen, in Boomzeiten erhöhen sie ihre Werbebudgets. Die Produzenten der Importmarken hingegen verhalten sich tendenziell eher antizyklisch, was zu einem beträchtlichen Ausbau der Marktposition geführt hat und unter anderem darauf zurückzuführen ist, dass die eigenen Aktionen im Umfeld abnehmender Werbeintensität stärker auffallen.

Quelle: o. V.: Mehr Werbung, mehr Marktanteil, in: Frankfurter Allgemeine Zeitung, Nr. 57 vom 08.03.2004, S. 22.

9.2 Die Instrumente der Kommunikationspolitik im Überblick

In Abb. 55 sind die Instrumente der Kommunikationspolitik aufgeführt. Die in der Literatur übliche und auch hier übernommene Unterscheidung zwischen klassischen und innovativen Instrumenten erscheint jedoch zumindest im Falle von Messen und Ausstellungen, die i.d.R. der innovativen Gruppe zugeordnet werden, überdenkenswert.

Abb. 55: Die Instrumente der Kommunikationspolitik im Überblick

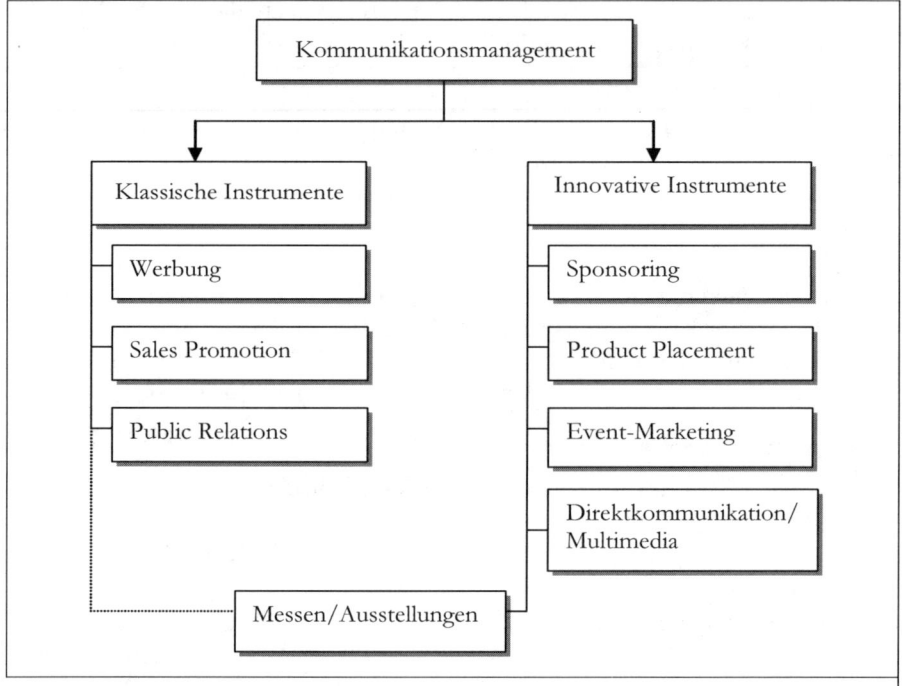

9.3 Klassische Instrumente

9.3.1 Werbung

Von allen Kommunikationsinstrumenten kommt der Werbung die größte Bedeutung zu (z.B. hinsichtlich Werbeinvestitionen, Anteil am Werbeaufkommen, Wachstumsdynamik der Werbeeinnahmen, Nutzungsintensität; vgl. im Folgenden Meffert 2000, S. 712 - 720; Nieschlag/Dichtl/Hörschgen 2002, S. 989 - 991; Schweiger/Schrattenecker 1995). Werbung bezeichnet den bewussten Versuch, Marktpartner durch den Einsatz spezifischer Kommunikationsmittel zu einem bestimmten absatzwirtschaftlichen Zwecken dienenden Verhalten zu bewegen.

Für den Verbraucher erfüllt die Werbung folgende **Funktionen**:
* Zeitvertreib und Unterhaltung
* Ermittlung emotionaler Konsumerlebnisse
* Informationen für Konsumentscheidungen
* Erlernen von Verhaltensmustern, in dem Normen durch Modelle übermittelt werden

Der idealtypische Ablauf der **Werbeplanung** ist in Abb. 56 wiedergegeben und umfasst sechs Phasen.

Abb. 56: Der Prozess der Werbeplanung

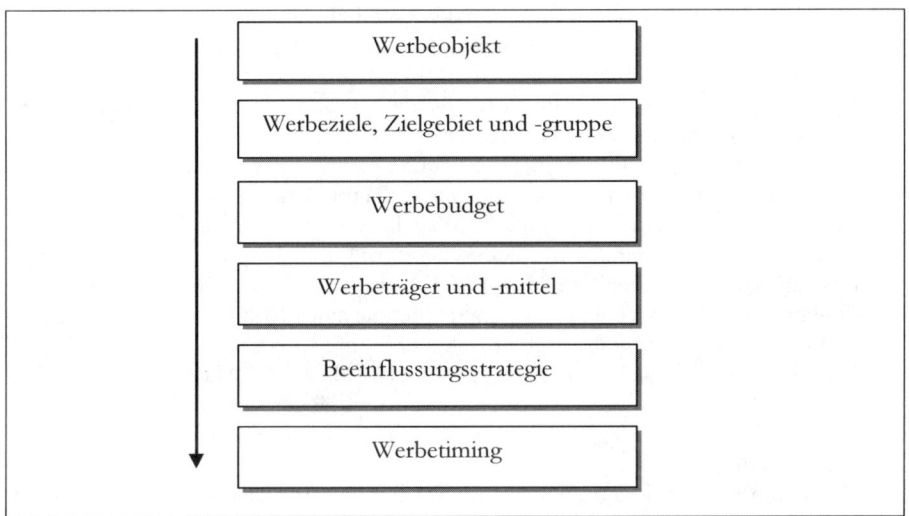

9.3.2 Verkaufsförderung (Sales Promotions)

Unter Verkaufsförderung versteht man alle kurzfristigen, unmittelbaren Maßnahmen zur Stimulierung des Absatzes. Nach den anvisierten Zielgruppen lassen sich **drei Formen** der Verkaufsförderung unterscheiden:
* Verbraucherpromotions (z.B. Gewinnspiele, Preisnachlässe, Gutscheine, „Self Liquidating Offers")
* Außendienstpromotions (z.B. Wettbewerbe, Incentive-Reisen, Schulungs- und Informationsveranstaltungen, Bereitstellung von Verkaufshilfen)

- Händlerpromotions (z.B. Preiszugeständnisse und Naturalrabatte, Einsatz von Propagandisten, Bereitstellung von Display-Material, Werbekostenzuschüsse)

| Fallstudie | **Verkaufsförderung – Food-Aktionen bei Aldi Süd** |

Die Discounter erweitern zunehmend ihr Sortiment, ohne dabei Einbußen bei der Effizienz hinnehmen zu müssen. Insbesondere Aldi Süd überträgt die Erfahrungen mit Non-Food-Aktionen auf den Food-Bereich.

Der Erfolg der Non-Food-Aktionen von Aldi Süd ist legendär und gilt als höchst effektives Instrument zur Steigerung von Frequenz, Umsatz und Ertrag. Allerdings stößt man seit einiger Zeit an Wachstumsgrenzen und es wird zunehmend schwieriger, für die verdoppelte Anzahl von Aktionsterminen (von Mittwoch auf Montag und Donnerstag) neue Produktbereiche zu erschließen.
Angesichts dieser Entwicklung setzt Aldi Süd bei Aktionen verstärkt auf den Food-Bereich, wobei in dreierlei Sicht eine neue Qualität gegenüber bisherigen Aktionen geschaffen wurde:
1. Es werden nicht mehr einzelne Artikel isoliert angeboten, sondern Aldi Süd offeriert nunmehr komplette Warenwelten. So konnte der Kunde beispielsweise ein aus über 20 Artikeln bestehendes China-Sortiment erwerben, das von Snacks über Kochzutaten bis hin zu Getränken im Tetra-Pack reichte. Ihm folgten ein italienisches Sortiment mit ebenfalls 20 Artikeln und daran anschließend ein aus fünf Artikeln bestehendes mexikanisches Sortiment. Hierbei sucht man systematisch nach Synergien mit Non-Food-Aktionen, wie sie speziell beim italienischen Sortiment auffallen, wo parallel mediterranes Kochgeschirr, Capuccino- und Espresso-Tassen, italienische Kochbücher und CDs angeboten wurden.
2. Die Non-Food-Artikel werden nicht mehr wie klassische Aktionsartikel für ein bis zwei Wochen, sondern für einen Monat und länger disponiert. Dadurch erhält der Kunde die Möglichkeit, die Produkte auszuprobieren und bei Bedarf nachzukaufen.
3. Der Raum für den gesamten Aktionsbereich in den Filialen wurde zu Lasten der sog. Nährmittel wie Nudeln, Knödel, Suppen, Saucen, Backzutaten etc. ausgeweitet.

Durch die Ausweitung der Aktionen in den Food-Bereich gelingt es Aldi Süd, die vom Konsumenten wahrgenommene Sortimentsfülle ohne große Effizienzeinbußen deutlich zu vergrößern. Dies setzt voraus, dass der Konsument sein Kaufverhalten inhaltlich und zeitlich an Aldis Angebot anpasst. D.h. er kauft auch weiterhin das, was er bei Aldi findet, und nicht das, was er sucht.

Quelle: Roeb, Th.: Generation Aldi wird erwachsen, in: LebensmittelZeitung, Nr. 14 vom 02.04.2004, S. 48 - 49.

9.3.3 Öffentlichkeitsarbeit (Public Relations)

Die Öffentlichkeitsarbeit zielt auf die systematische Gestaltung und Pflege der Beziehungen eines Unternehmens bzw. einer Organisation zur Öffentlichkeit (Kunden, Aktionäre, Lieferanten, Arbeitnehmer, Institutionen, Staat etc.) mit dem Ziel, Vertrauen und Verständnis zu gewinnen bzw. auf- und auszubauen (vgl. im Folgenden Meffert 2000, S. 724 - 726). Hierfür bieten sich folgende **Maßnahmen** an:

- Herstellung guter Kontakte zu Presse und Rundfunk
- Pressekonferenzen
- Pressemitteilungen
- Geschäftsberichte und Sozialbilanzen
- Jubiläumsschriften
- Betriebsbesichtigungen

Dabei fallen der Öffentlichkeitsarbeit folgende **Funktionen** zu:

- Informationen für und Kontakt zu sämtlichen Zielgruppen des Unternehmens
- Harmonisierung und Kontinuität, d.h. Pflege der Beziehungen zur Öffentlichkeit
- Stabilisierung bzw. Verbesserung des Images
- Absatzförderung im Sinne der Unterstützung der anderen Marketing-Instrumente
- Sozialfunktion, d.h. die Übernahme gesellschaftlicher Aufgaben durch das Unternehmen
- Balancefunktion, d.h. Ausgleich zwischen den Interessen des Unternehmens und der Gesellschaft

Fallstudie	Öffentlichkeitsarbeit – Silvretta Arena Ischgl/ Samnaun

Wussten Sie, dass …
- im Skigebiet wieder viele Pistenbereiche gemäht und gemulcht werden, was sich sehr positiv auf die Artenzusammensetzung der Vegetation, das Landschaftsbild und den Erholungswert auswirkt?
- täglich während der Nachtstunden 31 Pistengeräte die Abfahrten präparieren, um Ihnen ungetrübten Skilauf zu garantieren?
- jedes dieser Pistengeräte ca. € 220.000,00 kostet?
- unsere Anlagen ca. 80.200 Personen pro Stunde befördern können?
- allein in den letzten 5 Jahren über € 120.000.000,00 in die Verbesserung unseres Skigebietes investiert wurden?
- durch unsere Solar- und Wärmerückgewinnungsanlagen pro Jahr ca. 50.000 kW

Stunden Energie gewonnen werden?

- in den letzten 10 Jahren ca. 15 - 20 ha Abfahrten, welche vor 20 – 30 Jahren mit Schubraupen planiert und nicht begrünt wurden, rekultiviert wurden?
- unsere Restaurants mittels Kanalisation an die örtliche Abwasseranlage angeschlossen sind?
- zur Ermöglichung dieser Investitionen unsere Aktionäre seit Bestand des Unternehmens auf die Ausschüttung von Dividenden verzichtet haben?
- für jeden erkauften Skipass allein für die Beschneiung ca. € 4,50 aufgewendet werden müssen?
- im Winter über 600 Personen im Skigebiet Beschäftigung finden?
- wir seit 1998 unseren Bauern 326 Rinder, 94 Kälber und 92 Lämmer zu einem fairen Preis abgekauft und in unseren Restaurantbetrieben verwertet haben?
- die meisten Pisten des Skigebietes während der Sommermonate aus Almen – mittlerweile häufig als „Bioalmen" – genutzt werden, wobei heute mehr Vieh aufgetrieben wird kann als vor Erschließung des Skigebietes?
- die Seilbahnen und Lifte im Winter 2003/2004 über 23,7 Millionen Mal benützt wurden?
- durch unsere Investitionen ca. 250 weitere Arbeitsplätze gesichert wurden?
- 1963/64 eine Wochenkarte rund € 29,00 kostete? Das entspricht einem heutigen Wert von rund € 127,00. Eine Wochenkarte kostet jetzt € 172,50 und ist somit nur unwesentlich teurer – damals standen allerdings nur 2 Anlagen zur Verfügung, heute sind es 42.
- wir jährlich ca. 150 t Mist von den Höfen unserer Bauern für die Düngung und Begrünung der Pisten und Abfahrten verwenden und in den letzten 3 Jahren 12.000 Bäume neu gepflanzt haben.
- die Silvretta Arena für ihre Bemühungen um eine intakte Umwelt schon mehrfach ausgezeichnet und von Lesern des „Ski Magazin" zum umweltfreundlichsten Skigebiet gewählt wurde?
- die Silvretta Arena bei internatonalen Vergleichen regelmäßig an der Spitze der Top-Skigebiete rangiert?
- die Silvrettaseilbahn AG und die Bergbahnen Samnaun AG zwei der wichtigsten Wirtschaftsfaktoren der Region sind und die Silvrettaseilbahn AG eines der größten Unternehmen in Tirol ist?

Quelle: Silvretta Seilbahn AG: Prospekt „Tarife Winter 2004/05 der Silvretta Seilbahn AG", aus: www.silvretta.at; Stand: 25.03.2005.

9.4 Innovative Instrumente

9.4.1 Sponsoring

Beim Sponsoring, fördert das Unternehmen eine Person bzw. Institution mit dem Ziel, diese in Form festgelegter Gegenleistungen (im Regelfall der Einräumung der wirtschaftlichen Rechte) für bestimmte, dem Unternehmen förderliche Zwecke nutzen zu können (vgl. im Folgenden Heinrich/Hüchtermann/Nowak 2002; Schneider/Müller/Mai 1991, S. 129 - 134). Grundsätzlich lassen sich Sport-, Kultur- und Sozio-Sponsoring unterscheiden.

Sponsoring basiert auf dem wirtschaftlichen **Prinzip des gegenseitigen Leistungsaustauschs**. Die klassische Form der Sponsoringleistung besteht in der Vergabe einmaliger oder regelmäßiger finanzieller Zuwendungen. Daneben hat die Vergabe von Sachmitteln, die in erster Linie aus dem Produktbereich des Unternehmens stammen (Fahrzeuge für Transportdienste, Computer und Software für Schulen und Hochschulen, Ausstattung von Sportlern mit Sportgeräten und -kleidung u.ä.), an Bedeutung gewonnen. Im Falle der Erbringung von Dienstleistungen schließlich übernimmt der Sponsor beispielsweise administrative Aufgaben für den Gesponserten (etwa Veranstaltungsmanagement, Vermittlung von Know-how, Abordnung von Mitarbeitern für einen bestimmten Zeitraum [= Secondment]).

Die Gegenleistung des Gesponserten besteht neben der Nennung des Sponsors in Veranstaltungen, auf Internetseiten und in Publikationen etc. darin, dass er dem Förderer folgende **Optionen** einräumt:

- Markierung von Ausrüstungsgegenständen (etwa Trikots, Sportgeräte)
- Präsenz im Umfeld von Veranstaltungen (Bandenwerbung, exklusiver Vertrieb von Nahrungsmitteln während einer Veranstaltung)
- Namensgebung (etwa AOL-Arena des Fußballklubs HSV, „König-Pilsener-ARENA" in Oberhausen, Tesafilm-Festival in Hamburg zu Förderung junger Regisseure)
- Nutzung von Prädikaten (etwa offizieller Ausrüster der deutschen Fußballnationalmannschaft)

Abb. 57: Vor- und Nachteile des Sponsoring

Vorteile	Nachteil
• Erreichen schwer zugänglicher Zielgruppen (z.B. Verbraucher, die der Werbung bewusst - etwa durch Zapping - ausweichen)	• Risiko negativer Ausstrahlungseffekte (etwa durch Doping oder andere Verfehlungen eines Sportlers)
• Umgehen von Werbebeschränkungen (etwa im Falle von Zigaretten, Alkohol)	
• Ansprache von Zielgruppen in einem attraktiven, nicht unmittelbar kommerziellen Umfeld (z.B. während Veranstaltungen)	
• Umgehen von Kommunikationsbarrieren (z.B. Nicht-Wahrnehmung von Werbung durch das Informationsüberangebot)	
• Verminderte Reaktanzwahrscheinlichkeit (Reaktanz = der Umworbene widersetzt sich bewusst der Einflussnahme seitens des Werbetreibenden)	
• Multiplikatorfunktion, d.h. durch Sponsoring kann die Botschaft der klassischen Kommunikationsinstrumente glaubhaft untermauert werden	
• Imagetransfer vom Gesponserten auf den Sponsor und umgekehrt	

9.4.2 Product Placement

Product Placement bezeichnet die Integration von Markenprodukten in die Handlung von Filmen und - seltener - von Theateraufführungen (vgl. im Folgenden Nieschlag/Dichtl/Hörschgen 2002, S. 1120 - 1123). Das Ausmaß der Einbindung reicht von der reinen Platzierung als Requisite, wobei die Marke für den Zuschauer deutlich erkennbar präsentiert wird, bis zum Verbal Product Placement, bei dem der Markenname im Geschehen genannt wird. Im Gegenzug für die Platzierung von Produkten in der Spielfilm- bzw. Theaterhandlung leistet ein Unternehmen Geld- oder Sachzuwendungen.

Mit einem Product Placement werden folgende **Ziele** verfolgt:
• Erzwungene Wahrnehmung des Produkts, da kein Zapping durch den Zuschauer möglich ist
• Glaubwürdige Darstellung der Produktleistung in einer im Vergleich zum TV-Spot realistischen Situation

- Mehr oder minder unbewusste Informationsaufnahme, die ähnlich abläuft wie bei der redaktionellen Schleichwerbung
- Imagetransfer vom Star auf das Produkt

Kritisch anzumerken bleibt, dass die Wirkung des Product Placement auf Bekanntheitsgrad und Image des Produktes nicht eindeutig nachgewiesen werden kann, da sich diese Kommunikationsmaßnahme kaum von anderen Determinanten wie Involvement, Vorher-Bekanntheitsgrad und Werbung isolieren lässt.

9.4.3 Event-Marketing

Mit Event-Marketing umschreibt man die Inszenierung, d.h. die Planung, Organisation und Kontrolle von Ereignissen bzw. Veranstaltungen im Rahmen der Unternehmenskommunikation. Durch erlebnisorientierte firmen- und produktbezogene Veranstaltungen werden emotionale und physische Reize sowie starke Aktivierungsprozesse bei unternehmensinternen (Führungskräften, Mitarbeiter sämtlicher Hierarchieebenen) und -externen Zielgruppen (Schlüsselkunden, Konsumenten) ausgelöst. Mögliche Arten von Marketing-Events sind in Abb. 58 aufgeführt.

Abb. 58: Arten von Events

Art des Events	Zielgruppe	Veranstaltungen
Firmeninterne Events	Führungskräfte, Mitarbeiter aller Hierarchieebenen	• Außendienstkonferenzen • Händlerpräsentationen • Aktionärsversammlungen • Festakte/Jubiläen
Firmenexterne Events	Konsumenten, Schlüsselkunden	• Pressekonferenzen • Messen • Kongresse • Sponsoring-Events • Sportveranstaltungen (z.B. Adidas Streetball-Turniere, Swatch-Snowboard-Meetings) • Musikveranstaltungen • Kulturelle Veranstaltungen

Abb. 58: Arten von Events *(Fortsetzung)*

Art des Events	Zielgruppe	Veranstaltungen
Events im Handel	Konsumenten	• Bühnenauftritte bekannter Stars/ Imitatoren
		• Talkshows mit Prominenten
		• Kleinkunst regionaler Künstler
		• Gewinnspiele
		• Kinderbelustigung (z.B. Autoscooter, Wildwasserbahn)
		• Mitmachaktionen (z.B. sportliche Wettläufe, Rodeo)
		• Multimedia-Produktpräsentationen

Quelle: Meffert (2000, S. 740).

9.4.4 Direktkommunikation

Direktkommunikation umfasst sämtliche Kommunikationsaktivitäten, bei denen Unternehmen und Konsument in direktem Kontakt stehen und ein Dialog bzw. eine Interaktion zwischen den Marktpartnern möglich ist (vgl. im Folgenden Meffert 2000, S. 743 - 746; Nieschlag/Dichtl/Hörschgen 2002, S. 1123 - 1128). Hierzu zählen:

- Werbung mit „direkten Medien" (z.B. Direct-Mailing per Post, Fax etc.; Telefonmarketing, Direktwerbung mit neuen Medien)
- Direct-Response-Werbung (z.B. Couponanzeigen, Beilagen, Direct-Response-Funk/TV, Werbung in Onlinenetzen)

9.4.5 Multimedia-Kommunikation

Multimedia-Kommunikation bezeichnet die Planung, Organisation, Durchführung und Kontrolle sämtlicher Maßnahmen, die dazu dienen,

- durch Versendung von Botschaften, die über die Kombination von Text-, Graphik, Bild-, Ton- und Bewegtbildern gestaltet sind (Multimediamittel),
- mittels elektronischer Medien (Multimediaträger)
- mit dem Kunden in Interaktion zu treten und
- die Kommunikationsziele des Unternehmens zu realisieren (vgl. im Folgenden Meffert 2000, S. 746 - 785; Nieschlag/Dichtl/Hörschgen 2002, S. 1135 - 1145).

Nach Ort und Anwendungsstatus lassen sich die in Abb. 59 aufgeführten Formen der Multimedia-Kommunikation unterscheiden. Wirft man einen genaueren Blick auf die Kommunikation im Internet, so bieten sich hier grundsätzlich folgende **Optionen** (vgl. Meffert 2000, S. 761):

- **One-to-Many-Kommunikation**

  Hierbei stellt ein Unternehmen Informationen im World Wide Web bereit und die Konsumenten können diese auf interaktivem Wege abrufen.

- **One-to-Few-Kommunikation**

  Zum einen können Unternehmen ein Formular im World Wide Web zur Verfügung stellen, mit Hilfe dessen sich Konsumenten registrieren lassen. Zum anderen bietet sich die Möglichkeit, per Email gezielte Information an registrierte Personen zu verteilen.

- **One-to-One-Kommunikation**

  Hier bieten sich folgende Optionen:

  o (Un-)bewusste Angabe von Präferenzen durch Konsument im World Wide Web (etwa durch Aufruf bestimmter Homepages)

  o Individualisiertes World Wide Web, d.h. automatisierte Bereitstellung von Informationen durch Unternehmen und Abruf durch Konsument

  o Einrichten einer Chatplattform durch Unternehmen im World Wide Web; der Konsument kann in einem solchen Forum Informationen abrufen und hinzufügen

  o Individuelle Information eines Konsumenten durch ein Unternehmen per Email

Abb. 59: Formen der Multimedia-Kommunikation

Ort Anwendungsstatus	Domizil	Nicht-domizil
Offline	Z.B. CD-Rom mit Produktinformationen	Z.B. POS/POI-Terminals in Kaufhäusern ohne Anbindung an ein Netzwerk
Online	Z.B. Werbung, Vertrieb oder Service über Angebote im Internet	Z.B. POS/POI-Terminals in Kaufhäusern mit Anbindung an ein Netzwerk (Möglichkeit der Bestandsprüfung, Bestellmöglichkeit)

Quelle: Meffert (2000, S. 749).

9.4.6 Messen und Ausstellungen

Messeveranstaltungen lassen sich anhand folgender **Kriterien** typisieren (vgl. im Folgenden Meffert 2000, S. 741 - 743; Nieschlag/Dichtl/Hörschgen 2002, S. 911 - 913 sowie 1002):

- Breite des Angebots (z.B. Spezial-, Branchen, Fachmessen)
- Angebotsschwerpunkt (Konsum- und Investitionsgütermessen)
- Funktion einer Messe (Informations- und Ordermessen)
- Aussteller- und Besucherreichweite (regionale, nationale, internationale Messen)
- Zielgruppe (Fachbesucher-, Händler- und Konsumentenmessen)
- Hauptrichtung des Absatzes (Export- und Importmessen)

Im Falle einer Messebeteiligung gilt es folgende **Aufgaben** zu bewältigen:

- Konzeption des Messestandes
- Auswahl der Exponate (Was soll ausgestellt werden?)
- Auswahl, Schulung und Einsatz des Personals
- Auswahl kommunikativer Maßnahmen (z.B. Verkaufsgespräche, Produktpräsentation, Video- und Internetunterstützung)

Zu den zentralen **Stärken** von Messen und Ausstellungen zählen:

- Direkte Ansprache von und persönlicher Kontakt zu (potentiellen) Kunden
- Hohe Kommunikationsdichte und Informationsqualität
- Möglichkeit des direkten Vergleichs mit dem Wettbewerber
- Hohe Kommunikationsqualität durch den Ereignischarakter

9.5 Kontrollaufgaben

Aufgabe 9.1: Begriff, Bedeutung und Aufgaben der Kommunikationspolitik

Markieren Sie, ob die folgenden Aussagen richtig oder falsch sind!

Besteht auf Massenmärkten keine persönliche Beziehung zwischen Anbieter und Nachfrager, stärkt dies die Bedeutung des Kommunikationsmanagement.

$\qquad$ Richtig ☐   Falsch ☐

Nehmen die Homogenität und damit die Austauschbarkeit von Produkten zu, fällt dem Kommunikationsmanagement die Aufgabe zu, die Produkte auch emotional zu standardisieren.

$\qquad$ Richtig ☐   Falsch ☐

Aufgrund sich verkürzender Produktlebenszyklen und einer damit einhergehenden Intensivierung des Zeitwettbewerbs verlieren kommunikationspolitische Aktivitäten an Stellenwert.   Richtig ☐   Falsch ☐

Die Standardisierungsfunktion der Kommunikationspolitik liegt darin, Geschmack sowie Präferenzen von Verbrauchern zu vereinheitlichen und damit die Heterogenität der Nachfrage zu reduzieren.   Richtig ☐   Falsch ☐

Die Steuerungsfunktion der Unternehmenskommunikation liegt darin, Angebot und Nachfrage auszugleichen und damit prozyklisch zu wirken.
                                                        Richtig ☐   Falsch ☐

Aufgabe 9.2: Instrumente der Kommunikationspolitik

Füllen Sie die Lücken mit den richtigen Begriffen aus!

Als klassische Instrumente der Kommunikationspolitik sind zu nennen:

- ....
- ....
- ....

Aufgabe 9.3: Idealtypischer Ablauf der Werbeplanung

Bringen Sie die folgenden Aufgaben der Werbeplanung in die idealtypische Reihenfolge!

(1) Auswahl der Beeinflussungsstrategie; (2) Auswahl von Werbeträger und –mittel; (3) Festlegung des Werbebudgets; (4) Festlegung des Werbeobjekts; (5) Festlegung von Werbeziel, Zielgebiet und Zielperson; (6) Werbetiming

- ....
- ....
- ....
- ....
- ....
- ....

Aufgabe 9.4: Verkaufsförderung

Füllen Sie die Lücken mit den entsprechenden Begriffen aus!

Nach den anvisierten Zielgruppen lassen sich drei Formen der Verkaufsförderung unterscheiden:

* ....
* ....
* ....

Aufgabe 9.5: Innovative Instrumente der Kommunikationspolitik

Markieren Sie, ob die folgenden Aussagen richtig oder falsch sind!

Sponsoring basiert auf dem Prinzip von Leistung und Gegenleistung.
Richtig □   Falsch □

Unter Secondment versteht man die kostenlose Abordnung von Mitarbeitern für einen bestimmten Zeitraum an eine gesponserte Einrichtung.
Richtig □   Falsch □

Als Vorteile des Sponsoring gelten u.a. das Erreichen schwer zugänglicher Zielgruppen sowie das Umgehen von Werbebeschränkungen.
Richtig □   Falsch □

Beim Sponsoring ist die Reaktanzwahrscheinlichkeit vergleichsweise hoch ausgeprägt.
Richtig □   Falsch □

Mit dem Imagetransfer vom Gesponserten auf den Sponsor sind nicht nur Chancen, sondern auch Risiken verbunden.
Richtig □   Falsch □

Product Placement bezeichnet die Präsentation von Markenprodukten in Filmen und Theateraufführungen sowie auf öffentlich zugänglichen Plätzen.
Richtig □   Falsch □

Beim Verbal Product Placement wird der Markenname im Geschehen genannt, das Produkt aber nicht gezeigt.
Richtig □   Falsch □

Mit zunehmendem Zapping des Zuschauers verliert das Product Placement an Bedeutung.
Richtig □   Falsch □

Product Placement zeichnet sich im Vergleich zum TV-Spot aufgrund der realistischeren Situation durch eine höhere Glaubwürdigkeit aus.
Richtig □   Falsch □

Event-Marketing verliert vor dem Hintergrund der Erlebnisorientierung im Handel an Bedeutung.
Richtig □   Falsch □

Direktkommunikation muss immer einen Dialog bzw. eine Interaktion zwischen den Marktpartnern ermöglichen.   Richtig ☐   Falsch ☐

Die Direct-Response-Werbung zählt nicht zur Direktkommunikation.
Richtig ☐   Falsch ☐

Per Email gezielte Informationen an registrierte Personen zu verteilen, stellt eine Variante der One-to-Few-Kommunikation per Internet dar.
Richtig ☐   Falsch ☐

Stellt ein Unternehmen ein Formular im World Wide Web zur Verfügung, mit Hilfe dessen sich Konsumenten registrieren lassen können, handelt es sich um eine Form der One-to-Few-Kommunikation.   Richtig ☐   Falsch ☐

Stellt ein Unternehmen einem Konsumenten eine individuelle Information per Email zu, handelt es sich um eine Form der One-to-Many-Kommunikation.
Richtig ☐   Falsch ☐

Im Falle von POS-Terminals in Kaufhäusern mit Anbindung an ein Netzwerk handelt es sich um eine domizile Online-Multi-Media-Kommunikation.
Richtig ☐   Falsch ☐

Bezüglich der Breite des Angebots lassen sich Fachbesucher-, Händler- und Konsumentenmessen unterscheiden.   Richtig ☐   Falsch ☐

Bezüglich der Funktion lassen sich Informations- und Ordermessen unterscheiden.   Richtig ☐   Falsch ☐

Zu den Stärken von Messen und Ausstellungen zählt die Möglichkeit des Benchmarking, d.h. des Vergleichs mit den Besten.   Richtig ☐   Falsch ☐

10 Restriktionen und Probleme beim Einsatz des Marketing-Instrumentariums

Lernziele	Dieses Kapitel vermittelt:

- welchen Restriktionen das Marketing-Instrumentarium unterliegt und
- welche Probleme bei dessen Einsatz auftreten können

Zum Abschluss der Darstellung des Marketing-Mix bleibt festzuhalten, dass diese Instrumente in zahlreichen Fällen nicht frei einsetzbar ist, sondern gewissen **Einschränkungen** unterliegen (vgl. im Folgenden Nieschlag/Dichtl/Hörschgen 2002, S. 329 - 336). Hierzu zählen:

- **Produktspezifische Restriktionen**

  Im Rahmen der Distributionspolitik etwa erfordert die Erklärungsbedürftigkeit komplizierter Produkte qualifizierte Absatzmittler oder ein ungünstiges Wert/Gewicht-Verhältnis erlaubt lediglich den Verkauf an Großabnehmer.

- **Rechtliche Restriktionen**

  Als Beispiele können die (noch bestehende) Einschränkung der Ladenöffnungszeiten durch das Ladenschlussgesetz sowie das Verbot von Werbung für Alkoholika und Zigaretten in bestimmten Medien angeführt werden.

- **Finanzielle und produktionstechnische Restriktionen**

  Beispielsweise ist nicht genug Kapital für den Aufbau eigener Verkaufsniederlassungen oder eine Reisendenorganisation vorhanden. Oder aber eine zu hohe Fixkostenbelastung verhindert eine flexible Preispolitik. Oder aber die Produktionskapazität begrenzt das Absatzvolumen.

- **Unternehmenspolitische Restriktionen**

  Bei vielen Unternehmen verbieten es die ethischen Grundsätze, eine Politik der geplanten Veralterung von Produkten durch Sollbruchstellen (Planned Obsolescense) oder eine aggressive Preispolitik zu verfolgen.

- **Natürliche Restriktionen**

  Die begrenzte Lagerfähigkeit verderblicher Produkte etwa bedingt eine hohe Liefergeschwindigkeit. Oder aber die begrenzte Belastbarkeit der Umwelt erfordert umfangreiche Investitionen in ökologiefreundliche Technologien, was sich wiederum auf das Preismanagement auswirkt.

Des Weiteren können beim Einsatz des Marketing-Instrumentariums folgende **Probleme** auftreten:

- Die Marketing-Instrumente können sich gegenseitig beeinflussen. Zum einen kann es sich um substitutive Beziehungen handeln, d.h. die Instrumente können sich gegenseitig ersetzen. Beispielsweise kann eine Verbesserung der Produktqualität einen Abbau der Werbeanstrengungen kompensieren. Zum anderen existieren komplementäre Beziehungen. So wird eine Preissenkung im Normalfall erst durch Werbung voll wirksam.
- Die Wirkungsverläufe (sog. Response Functions) der Marketing-Instrumente sind meist nicht linear und weisen mitunter Schwellenwerte auf. Zum Beispiel nehmen Verbraucher die Werbung erst ab einem bestimmten Volumen wahr oder es bestehen sog. Preisschwellen, bei deren Unterschreiten der Absatz sprunghaft anschweigt. Aus diesem Grund wählen Anbieter in der Regel gebrochene Preise wie 99 Euro, 1,49 Euro etc. (sog. Odd Pricing). Schließlich wirken die Instrumente nicht selten mit zeitlicher Verzögerung. Insbesondere die Werbewirkung tritt häufig erst lange nach der Veröffentlichung ein. Solche zeitlichen Ausstrahlungseffekte sind zum einen auf ein Nachwirken des Instrumentes bzw. Beharren des Verbrauchers (sog. Carry-Over-Effekt) und zum anderen auf Verzögerung der angestrebten Wirkung (sog. Decay-Effekt) zurückzuführen. Mit Hilfe von Marktreaktionsmodellen (Response Functions) wird versucht, den dynamischen Aspekt zeitlich verzögerter Umsatz- bzw. Absatzreaktionen auf Maßnahmen der Absatzförderung und der Werbung durch sog. Lag-Variablen (= Verzögerungsvariablen) abzubilden.
- Die Marketing-Instrumente strahlen häufig positiv bzw. negativ über den objekt-, raum-, zeit- und/oder intensitätsmäßig definierten Zielbereich hinaus (sog. Spill-Over-Effekte). Beispielsweise wirkt sich ein schlechtes Stiftung-Warentest-Ergebnis eines Produktes negativ auf das Image sämtlicher Produkte des betroffenen Unternehmens aus.
- Die Ungewissheit über zukünftige Entwicklungen lässt sich auch mit noch so hohem Aufwand nicht beseitigen, da sich das menschliche Verhalten nie mit Sicherheit prognostizieren lässt. Es bestehen somit unsichere Aktions-, Reaktions- und Tendenzerwartungen.

- Nur ein Teil der Instrumente ist kurzfristig aktivierbar (taktische Optionen). Meist ist nur eine langfristige Disposition möglich (z.B. im Falle der Produktpolitik).
- Das Vermarktungsobjekt determiniert oft einen bestimmten Einsatz spezieller Marketing-Instrumente. Beispielsweise bedienen sich Lebensmitteldiscounter eher der Prospekt- als der TV-Werbung, da erstere für das Herausstellen von günstigen Preisen besser geeignet erscheint.

10.1 Kontrollaufgaben

Aufgabe 10.1: Restriktionen und Probleme beim Einsatz des Marketing-Instrumentariums

Kreuzen Sie bitte an, ob die folgenden Aussagen richtig oder falsch sind!

Der Einsatz des Marketing-Instrumentariums unterliegt ausschließlich rechtlichen Restriktionen und ist ansonsten frei gestaltbar. Richtig □   Falsch □

Marktreaktionsfunktionen beschreiben den Zusammenhang zwischen einer zu prognostizierenden Zielgröße (z.B. Absatz, Bekanntheitsgrad) und der Intensität des Einsatzes von Marketing-Instrumenten in quantitativer Form (z.B. Höhe des Werbebudgets). Richtig □   Falsch □

Wenn eine Preissenkung erst durch Werbung voll wirksam wird, besteht eine substitutive Beziehung zwischen diesen Marketing-Instrumenten.

Richtig □   Falsch □

Von einer komplementären Beziehung spricht man, wenn sich Marketing-Instrumente gegenseitig ersetzen können. Richtig □   Falsch □

Preisschwellen sind ein Beispiel dafür, dass die Wirkungsverläufe der Marketing-Instrumente grundsätzlich linear verlaufen. Richtig □   Falsch □

Carry-Over-Effekt bezeichnet die zeitliche Ausstrahlung der Wirkung eines Marketing-Instruments auf nachgelagerte Perioden. Richtig □   Falsch □

Mit Hilfe sog. Lag-Variablen versucht man, Carry-Over-Effekte in Marktreaktionsfunktionen abzubilden. Richtig □   Falsch □

Nur wenn ein Marketing-Instrument positiv über den definierten Zielbereich hinaus ausstrahlt, spricht man von einem Spill-Over-Effekt.

Richtig □   Falsch □

11 Marketing-Kontrolle

| Lernziele | Dieses Kapitel vermittelt: |

- was man unter Marketing-Kontrolle versteht,
- welche Aufgaben die Marketing-Kontrolle erfüllt,
- was ein Marketing-Audit ist und wie sich ein solcher Prozess gestaltet und
- wie die ergebnisorientierte Marketing-Kontrolle abläuft.

11.1 Begriff und Funktionen

Die idealtypisch letzte Phase im Marketingmanagementprozess bildet die Marketing-Kontrolle. Marketing-Kontrolle wird verstanden als die Gesamtheit der Aktivitäten, welche den Prozess sowie das Ergebnis von Marketingentscheidungen überprüfen mit dem Ziel, ein Unternehmen ergebnisorientiert auszurichten.

Konkret erfüllt die Marketing-Kontrolle **zwei Aufgaben**:
- Zum einen muss im Sinne einer prozessbegleitenden Kontrolle überwacht werden, inwieweit Anpassungen des Planungs- und Implementierungsprozesses erforderlich sind (= **Marketing-Audit**).
- Zum anderen gilt es im Sinne eines ex-post durchgeführten Soll/Ist-Vergleichs zu prüfen, inwieweit die anvisierten Ziele durch die eingeleiteten Strategien und Maßnahmen erreicht wurden (= **ergebnisorientierte Marketing-Kontrolle**).

11.2 Marketing-Audit

Das Marketing-Audit hat zur Aufgabe, die Prämissen und Rahmenbedingungen für Planungen, Kontrollen und Steuerungsmaßnahmen im Marketing-Bereich zu überprüfen (vgl. Köhler 2001, S. 965 - 966; Töpfer 1995, Sp. 1533 - 1541). Im Gegensatz zur Ergebniskontrolle, welche die Marketing-Ergebnisse analysiert, fokussiert das Marketing-Audit auf die betrieblichen Voraussetzungen für das Erzielen von Resultaten (= Prozesskontrolle). Damit trägt man dem Umstand Rechnung, dass ein Verfehlen des Zieles u.a. auch daran liegen kann, dass der eingeschlagene Weg untauglich war.

Demnach dient das Marketing-Audit dazu, frühzeitig auf sich abzeichnende Fehlentwicklungen aufmerksam zu machen. Während es sich bei der Ergebniskontrolle um eine Wirkungskontrolle handelt, die erst ex-post, sprich im Nachhinein, einsetzt, erfüllt das Marketing-Audit eine prozessbegleitende Überwachungsfunktion, die es dem Unternehmen ermöglich, frühzeitig auf Veränderungen zu reagieren (vgl. Nieschlag/Dichtl/Hörschgen 2002, S. 1167 - 1168).

Das Marketing-Audit lässt sich in folgende **Objektbereiche** untergliedern (vgl. hierzu Abb.60):

- **Prämissen-Audit**: Hier werden die Daten der Unternehmens- und Umweltanalysen (sprich Marktforschung) auf ihre Entscheidungsrelevanz, Vollständigkeit und Aktualität hin überprüft.
- **Ziel-Audit**: Diesem fällt die Aufgabe zu überwachen, inwiefern die festgelegten Ziele (noch) realistisch, kompatibel und operationalisierbar sind. Daneben muss die Konsistenz von Ober-, Zwischen- und Unterzielen sowie strategischen, taktischen und operativen Zielen überprüft werden. Schließlich gilt es zu beobachten, ob die operativen Ziele erreicht werden, um auf diese Weise Gefahren frühzeitig zu erkennen und zu begegnen.
- **Strategien-Audit**: Hier befasst man sich mit dem konsistenten Gesamtaufbau eines Strategieentwurfs sowie dessen Kompatibilität mit den Prämissen, Zielen und Marketing-Maßnahmen.
- **Marketing-Mix-Audit**. Hier stehen die operativen Marketing-Maßnahmen auf dem Prüfstand. U.a. geht es dabei um die Frage der Kompatibilität. Während die vertikale Kompatibilität die Abstimmung der Instrumente untereinander betrifft, gilt es auf der vertikalen Ebene zu überprüfen, ob der Marketing-Mix mit den Prämissen, Zielen und Strategien vereinbar ist.
- **Prozess- und Organisations-Audit**: Hier liegt das Augenmerk auf den methodischen und organisatorischen Aspekten des Marketing-Management. Zum einen werden die aufbau- und ablauforganisatorischen Regelungen unter Effizienz- sowie Koordinationsgesichtspunkten überprüft. Zum anderen gilt es zu untersuchen, inwieweit das Unternehmen hinsichtlich der Informations-, Planungs- und Kontrolltechniken auf einem aktuellen und angemessenen Stand ist.

Grundsätzlich bleibt festzuhalten, dass zwischen den Objektbereichen des Marketing-Audit ein enger Zusammenhang und damit ein erheblicher Koordinationsbedarf bestehen.

Abb. 60: Die Grundstruktur des Marketing-Audit

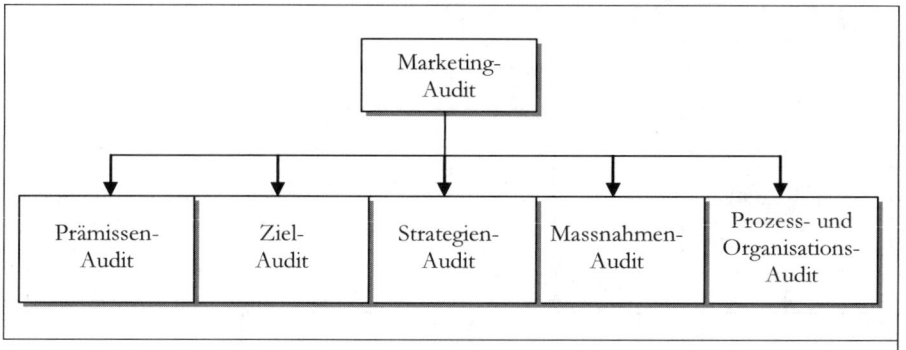

11.3 Ergebnisorientierte Marketing-Kontrolle

Wahrend im Zentrum des Marketing-Audit die Marketing-Prozesse stehen, überprüft und analysiert die ergebnisorientierte Kontrolle den Zielerreichungsgrad. Ein solcher Soll/Ist-Vergleich kann sich auf sämtliche in Abschnitt 3 vorgestellten Marketing-Ziele beziehen. Am geläufigsten ist die in Abb. 61 vorgestellte Strukturierung der ergebnisorientierten Marketing-Kontrolle (vgl. Köhler 2001, S. 1913 - 1914; Reinecke/Tomczak/Dittrich 1998, S. 177 ff.).

Im Falle der **submixbezogenen Wirkungskontrolle** bezieht sich die Überprüfung auf ausgewählte Marketing-Mix-Instrumente (im vorliegenden Beispiel auf die Werbung). Der Werbeerfolg kann zum einen anhand außerökonomischer sprich psychographischer Ziele (z.B. Image) überprüft werden, was den Vorteil der Früherkennung von erfolgsgefährdenden Entwicklungen in sich birgt. Zum anderen bietet sich die Option, den ökonomischen Werbeerfolg beispielsweise anhand der Entwicklung des Umsatzes zu messen.

Im Gegensatz zur submixbezogenen Kontrolle basiert der **gesamtmixbezogene Ansatz** auf der Überlegung, dass es wenig Sinn macht, den Erfolg einzelner Marketing-Instrumente isoliert zu erfassen. Vielmehr geht man hier von einem Zusammenspiel der einzelnen Marketing-Instrumente im Sinne eines Marketing-Mix aus, so dass eine ganzheitliche Kontrolle zweckmäßig erscheint. Diese kann wiederum an außerökonomischen (etwa Image) und/oder ökonomischen Zielgrößen (z.B. Umsatz, Marktanteil) ansetzen.

Abb. 61: Ansatzpunkte zur ergebnisorientierten Marketing-Kontrolle

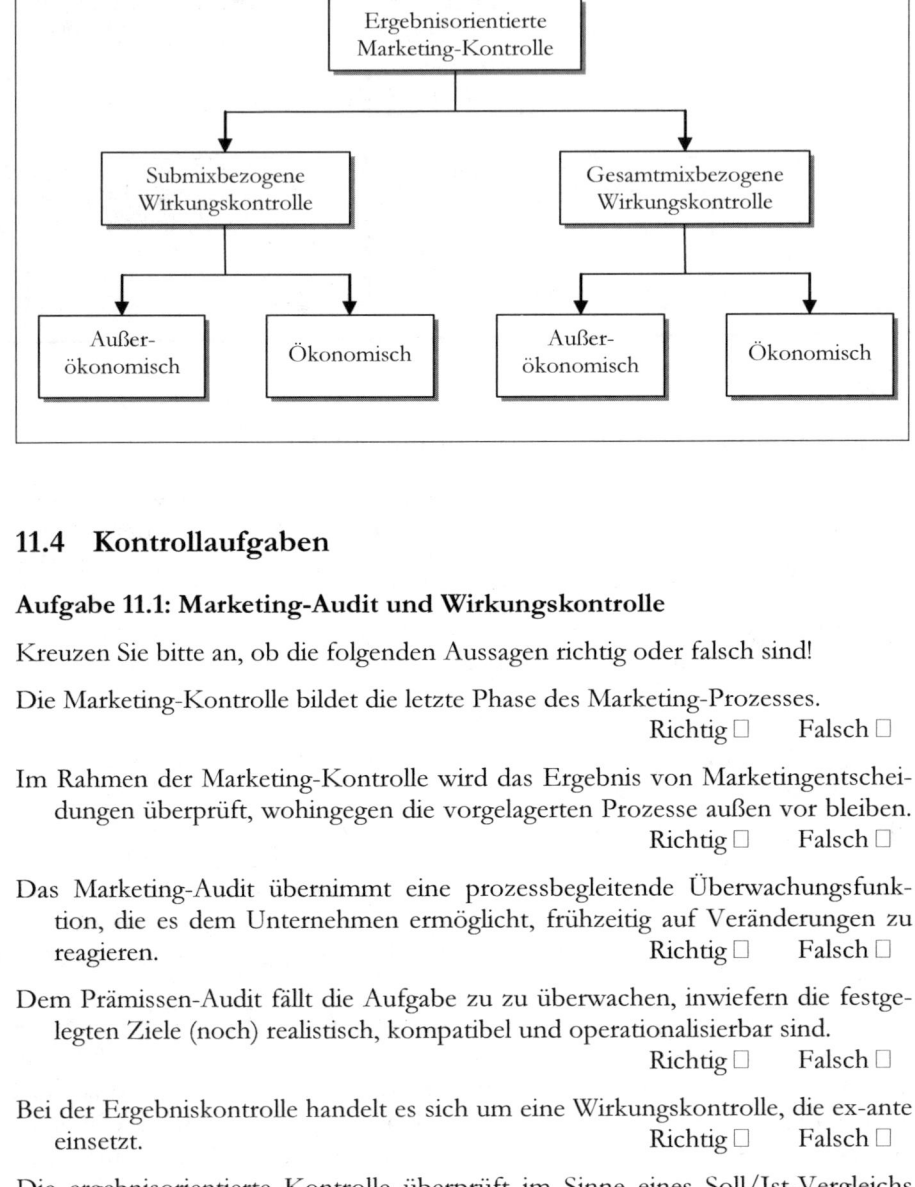

11.4 Kontrollaufgaben

Aufgabe 11.1: Marketing-Audit und Wirkungskontrolle

Kreuzen Sie bitte an, ob die folgenden Aussagen richtig oder falsch sind!

Die Marketing-Kontrolle bildet die letzte Phase des Marketing-Prozesses.

Richtig ☐   Falsch ☐

Im Rahmen der Marketing-Kontrolle wird das Ergebnis von Marketingentscheidungen überprüft, wohingegen die vorgelagerten Prozesse außen vor bleiben.

Richtig ☐   Falsch ☐

Das Marketing-Audit übernimmt eine prozessbegleitende Überwachungsfunktion, die es dem Unternehmen ermöglicht, frühzeitig auf Veränderungen zu reagieren.

Richtig ☐   Falsch ☐

Dem Prämissen-Audit fällt die Aufgabe zu zu überwachen, inwiefern die festgelegten Ziele (noch) realistisch, kompatibel und operationalisierbar sind.

Richtig ☐   Falsch ☐

Bei der Ergebniskontrolle handelt es sich um eine Wirkungskontrolle, die ex-ante einsetzt.

Richtig ☐   Falsch ☐

Die ergebnisorientierte Kontrolle überprüft im Sinne eines Soll/Ist-Vergleichs den Zielerreichungsgrad.

Richtig ☐   Falsch ☐

Sowohl die submixbezogene als auch die gesamtmixbezogene Wirkungskontrolle beziehen sich ausschließlich auf die Überprüfung ökonomischer Ziele.

Richtig ☐   Falsch ☐

Die Wirkungskontrolle birgt die Gefahr in sich, dass Fehlentwicklungen zu spät erkannt werden.   Richtig ☐   Falsch ☐

Die submixbezogene Wirkungskontrolle basiert auf der Überlegung, dass es wenig Sinn macht, den Erfolg einzelner Marketing-Instrumente isoliert zu erfassen.   Richtig ☐   Falsch ☐

12 Fallstudie BICK's Bier

In der vorliegenden Fallstudie können die Studierenden ihr in den Vorlesungen sowie im Selbststudium erlangtes Wissen zum Marketing auf einen komplexen Praxisfall anwenden, was den Transfer sowie die Vernetzung des Erlernten fördert.

12.1 Aufgabenstellungen

12.1.1 Marketing-Ziele

Die BICK's AG, eine mittelständische Brauerei, befindet sich zu 100 % im Eigentum der Familie Ulbrecht. In jüngerer Zeit ist es zwischen den Brüdern Ulbrecht immer häufiger zu Auseinandersetzungen über die einzuschlagende Unternehmensstrategie gekommen. Hauptstreitpunkt ist hierbei insbesondere die Einführung der neuen Marke BICK's MAX, mit dem das Unternehmen in das wachstumsstarke Marktsegment der Bier-Mix-Getränke eintreten will.

Das neue Produkt verursacht fixe Kosten in Höhe von 5.000 Euro - die vorhandenen Anlagen können aufgrund noch freier Kapazitäten vollständig für die Herstellung des neuen Produktes genutzt werden - und variable Kosten in Höhe von 50 Euro pro 1 Einheit des Produkts. Der Absatz des Produktes ist in erster Linie vom Preis abhängig. Die Marketingforschung hat dabei folgenden Zusammenhang zwischen Preis und Absatz von BICK's MAX ermittelt:
$x = 80.000 - 1.000 \, p$.
Der Absatz wird in Hektoliter (1 hl = 100 l) gemessen.

Auseinandersetzungen gibt es insbesondere darüber, welche Zielsetzungen mit der Einführung des neuen Produktes verfolgt werden sollen. Konsens herrscht lediglich darüber, dass der Bekanntheitsgrad des Produkts 75 % erreichen soll. Bezüglich der ökonomischen Ziele hingegen herrscht Uneinigkeit.

Theodor Ulbrecht möchte den Umsatz maximieren, da er sich von einem hohen Umsatz einen höheren Einfluss des Unternehmens auf die Kommunalpolitik verspricht. Dies könnte u.a. mit öffentlichen Zuwendungen für das Unternehmen verbunden sein.

Karl hingegen plädiert für die Maximierung des Gewinns. Seiner Ansicht nach ist der bisherige Gewinn nicht ausreichend, um mit seinem Anteil den aufwendigen Lebensstil mit seiner neuen Freundin zu finanzieren.

Die Mutter der beiden Brüder, die noch 20 % der Aktien hält, will aus Sicherheitsgründen auf jeden Fall die Kosten für die Herstellung des Produktes gedeckt wissen und dabei den Absatz maximieren.

Die drei Anteilseigner verfolgen offensichtlich unterschiedliche ökonomische Zielsetzungen für die Einführung des Produktes BICK´s MAX.

(a)   Bestimmen Sie analytisch die jeweils optimale Absatzmenge von BICK´s MAX unter Berücksichtigung der jeweiligen Zielsetzungen der drei Anteilseigner.

(b)   Welche Anforderungen sind an operationale Ziele zu stellen, und inwieweit entsprechen die psychographischen Ziele von BICK´s diesen Anforderungen?

12.1.2   Portfolioanalyse

Sie führen nun eine Portfolio-Analyse nach BCG (Boston Consulting Group) durch, um sich einen Überblick bzgl. der Geschäftsbereiche zu verschaffen. Die Brauerei BICK´s operiert, wie bereits skizziert, in folgenden Strategischen Geschäftsfeldern:
• SGF A: Pils – Marke „BICK's Premiumpils"
• SGF B: Alkoholfreie Biere – Marke „BICK's Alkoholfrei"
• SGF C: Spezialitätenbiere – Marken „BICK´s Bock", „BICK´s Maibock" und Bickolator

Hauptwettbewerber in der Region sind die überregionale Brauerei Butbirger sowie die Blauhaus-Brauerei aus dem Schwarzwald, die beide in allen Geschäftsfeldern aktiv sind. Der Umsatz der drei Wettbewerber und der Umsatz auf dem Gesamtmarkt sind in Tab. 6 dargestellt.

Tab. 6: Umsatz ausgewählter Brauereien im Verhältnis zum Gesamtmarkt

	SGF A	SGF B	SGF C
BICK's Umsatz 2002 (Mio. Euro)	25	7	8
Butbirger Umsatz 2002 (Mio. Euro)	15	21	6
Blauhaus Umsatz 2002 (Mio. Euro)	35	3	6
Gesamtmarkt regional			
Umsatz 2002 (Mio. Euro)	320	80	40
Umsatz 2003 (Mio. Euro)	256	100	44

(a) Führen Sie eine Portfolioanalyse für die Brauerei BICK's nach BCG durch und skizzieren Sie das Ergebnis in einer Matrix.

(b) Welche Normstrategien lassen sich aus den Positionen im Portfolio nach BCG ableiten? Nehmen Sie zum Aussagegehalt und den Normstrategien kritisch Stellung.

12.1.3 Strategische Planung mit Hilfe der Ansoff-Matrix

Der Vorstand beauftragt Sie, mögliche Strategien für die BICK's AG zu entwickeln. Leiten Sie aus der Ansoff-Matrix eine Wachstumsstrategie ab, die für BICK's geeignet ist. Begründen Sie Ihre Entscheidung und erläutern Sie die empfohlene Strategie.

12.1.4 Mischkalkulation

Uduku, der Handelspartner von BICK's, führt die Artikel A, B und C. Im Zuge der Kalkulation stellt sich heraus, dass der kostenorientierte Preis der Artikel A und B am Markt nicht realisiert werden kann. Man entscheidet sich, die Unterdeckung im Rahmen einer Mischkalkulation von Artikel C (= BICK's Bier) kompensieren zu lassen.

Ermitteln Sie zu diesem Zweck die mit einem Fragezeichen gekennzeichneten Positionen in Tab. 7.

Tab. 7: Beispiel für eine Mischkalkulation

	Artikel A	Artikel B	Artikel C
(Geplanter) Absatz (in Tsd. Stück)	250	300	500
Angestrebter Erlös (in Tsd. Euro)	2.000,00	3.000,00	4.500,0
Kostenorientierter Stückpreis (in Euro)	8,00	10,00	9,00
Realisierbarer Stückpreis (in Euro)	7,49	9,49	-
Realisierbarer Erlös (in Tsd. Euro)	?	?	-
Unterdeckung (in Tsd. Euro)	?	?	-
Aggregiertes Erlösdefizit der Ausgleichsempfänger (in Tsd. Euro)	-	-	?
Angestrebter Erlös nach dem kalkulatorischen Ausgleich (in Tsd. Euro)	-	-	?
Stückpreis nach dem kalkulatorischen Ausgleich (in Euro)	7,49	9,49	?

12.1.5   Berechnung der Preiselastizität

Um den Absatz, der im September typischerweise zurückgeht, zu stimulieren, senkt BICK´s den Abgabepreis für den 20 x 0,5-Liter-Kasten an die Verbrauchermärkte von 7,40 Euro auf 7,20 Euro pro. Dadurch verspricht man sich für diesen Monat eine Absatzsteigerung von 60.000 auf 65.000 Einheiten. Berechnen Sie die Preiselastizität der Nachfrage und interpretieren Sie diese.

12.2   Lösungsskizze

12.2.1   Marketing-Ziele

(a) Die Anteilseigner verfolgen drei unterschiedliche ökonomische Zielsetzungen:
- Theodor Ulbrecht: Umsatzmaximierung
- Karl Ulbrecht: Gewinnmaximierung
- Mutter Ulbrecht: Kostendeckung, d.h. auf jeden Fall Erreichen des Break-Even-Points.

Die grundlegenden Funktionen sind für alle drei Zielsetzungen identisch und haben folgende Gestalt:

$x = 80.000 - 1.000p \Rightarrow p = 80 - 0{,}001x$

$K = 5.000 + 50x$

$U = px = 80x - 0{,}001x^2$

Kostendeckung unter der Nebenbedingung Absatzmaximierung ist dann erreicht, wenn der Gewinn = 0 ist.

$G = U - K = 0$

$80\,x - 0,001x^2 - (5.000 + 50x) = 0$

$x^2 - 30.000x + 5.000.000 = 0$

Anwendung der p/q-Formel:

$x^2 + px + q = 0 \Rightarrow x_{1/2} = -p/2 +/- \sqrt{(p/2)^2 - q}$

$x_{1/2} = 15.000 +/- \sqrt{225.000.000 - 5.000.000}$

$x_1 = 15.000 + 14.832,40 = 29.832,4 \qquad x_2 = 15.000 - 14.832,40 = 167,6$

Da Mutter Ulbrecht den maximalen Absatz erreichen will, möchte sie die Alternative mit 29.832,4 hl realisieren. Der entsprechende Preis ergibt sich durch Einsetzen der Menge in die Preis-Absatz-Funktion:

$p = 80 - 0,001 \bullet 29.832,4 = 50,17$ Euro

Das Umsatzmaximum ergibt sich wie folgt:

$U = p\,x = 80x - 0,001x^2 \Rightarrow$ max.

$dU/dx = 80 - 0,002x = 0$

$x = 40.000$

Da die 2. Ableitung < 0 ist, liegt ein Maximum vor. Demnach ist das Umsatzmaximum bei einem Absatz von 40.000 Einheiten erreicht. Der dazugehörige Preis lautet:

$p = 80 - 0,001 \bullet 40.000 = 40$ Euro

Unter der Zielsetzung der Gewinnmaximierung errechnet sich folgende optimale Absatz-Menge:

$G = U - K \Rightarrow$ max.

$G = 80x - 0,001x^2 - (5000 + 50x)$

$dG/dx = 80 - 0,002x - 50 = 0$

$x = 15.000$

Das Gewinnmaximum ist bei einem Absatz von 15.000 hl erreicht. Der dazugehörige Preis lautet:

$p = 80 - 0,001 \bullet 15.000 = 65$ Euro.

Die Ergebnisse sind in Tab. 8 zusammengefasst.

Tab. 8: Preis- und Absatzoptima bei unterschiedlichen ökonomischen Zielsetzungen

	Optima	Preis p (in Euro)	Absatzmenge x (in hl)
Zielsetzung			
Kostendeckung bei Absatzmaximie-rung		50,17	29.832,4
Umsatzmaximierung		40	40.000
Gewinnmaximierung		65	15.000

(b) Die BICK´s AG möchte mit Marke BICK´s MAX einen Bekanntheitsgrad von 75 % erreichen. Hierbei handelt es sich um ein psychographisches Ziel. Damit Ziele ihre Funktion erfüllen können, müssen sie bestimmten formalen Anforderungen entsprechen. Hierzu zählen:

- Zielinhalt (was?): im Beispiel Bekanntheitsgrad
- Objektbezug (womit?): im Beispiel die Marke BICK´s MAX
- Zielausmaß (wie viel?): im Beispiel 75 %
- Zeitbezug (wann?): keine Aussage
- Segmentbezug (wo?): keine Aussage

Damit ist die psychographische Zielsetzung nicht operational. Außerdem müsste geklärt werden, ob es sich um den gestützten oder ungestützten Bekanntheitsgrad handelt.

12.2.2   Portfolioanalyse

(a)

Tab. 9: Befunde der Portfolioanalyse

	SGF A	SGF B	SGF C
Relativer Marktan-teil	71,43 %	33,33 %	133,33 %
Marktwachstum	-20%	+25%	+10 %

(b) Normstrategien:

- A = Poor Dog: desinvestieren
- B = Fragezeichen: investieren oder desinvestieren?
- C = Star: investieren

Kritisch bleibt anzumerken, dass BICK´s über keine Cash Cow verfügt. Demnach können die für B = Fragezeichen und C = Star erforderlichen finanziellen Mittel nicht auf internem Wege beschafft werden.

12.2.3   Strategische Planung mit Hilfe der Ansoff-Matrix

Strategievorschlag 1: Bier-Maxx - das Bier zum Selber machen (Produktentwicklung bzw. vertikale Diversifikation = Produktion wird in die Haushalte verlagert)

Das Produkt stellt eine Produktinnovation dar, die nach dem Prinzip des Wasser-Maxx konzipiert ist. Der Kunde hat die Möglichkeit, sein Bier mit Bierpulver bzw. Flüssigkonzentrat selbst zu mixen. Hierzu füllt er die PET-Flasche mit Wasser und stellt sie in den Bier-Maxx. Durch die Zuführung von CO_2 und Bierpulver bzw. Flüssigkonzentrat erhält er sekunden-schnell Bier.

Als Zusatznutzenkomponenten dieses Produktes sind zu nennen:
- Platz- und Geldeinsparung („sparsam und preiswert")
- Convenience, d.h. der Verbraucher muss weniger tragen („nie mehr Kisten schleppen")
- Möglichkeit der Vorratshaltung verschiedener Sorten und individueller Geschmacksrichtungen
- Praktische Dosierbarkeit
- Individuelle Dosierbarkeit der Kohlensäure
- Kein Pfand und keine Entsorgung
- Ökologisch und ökonomisch
- Ganz ohne Strom
- Keine Montage

Als potentielle Zielgruppen sind zu nennen:
- Neukunden, die den Zusatznutzen zu schätzen wissen
- Wenigtrinker (infolge der längeren Haltbarkeit)
- Innovationsfreudige junge Zielgruppen

Strategievorschlag 2: HABANA – das Biermixgetränk für Frauen und junge Zielgruppen (Produktentwicklung bzw. Diversifikation = neues Produkt für neuen Markt)

Hierbei handelt es sich um ein Biermixgetränk aus Weizenbier und Bananen-saft. Mit dem Slogan „HABANA – ProBier mal ´ne Banane" sollen insbesondere Segmente angesprochen werden, die normalerweise wenig Bier trinken: Frauen und jugendliche Zielgruppen. Vor diesem Hintergrund wurde bewusst ein Markenname gewählt, der auf den ersten Blick keinen Bezug zu BICK´s aufweist. Hierdurch sollen zum einen Irritationen der klassischen Zielgruppe der Brauerei (u.a. viel trinkende Männer) vermieden werden. Zum anderen tritt durch Hervorhebung der Banane der Bier-Aspekt etwas in den Hintergrund.

Für dieses Produkt sprechen folgende Argumente:
- Derzeit gibt es auf dem deutschen Markt noch kein Bananenweizen in der Flasche.
- Insgesamt ist eine zunehmende Tendenz hin zu Biermixgetränken festzustellen.
- Frauen können „zur Flasche greifen", da Biermixgetränke gesellschaftsfähig sind.
- Im Gegensatz zu den meisten anderen Biermixgetränken, die chemische Inhaltsstoffe aufweisen, sind die Grundstoffe hier natürlich. Dies ist u.a. mit dem unweltfreundlichen Image der BICK´s Brauerei kompatibel.

In der Einführungsphase sollen zunächst Promotionstouren durch Diskotheken und bei Veranstaltungen durchgeführt werden, um auf diese Weise Meinungsführer anzusprechen. Parallel wird das Produkt durch die Vertriebskanäle klassischer Lebensmittelhandel, Tankstellen und Gastronomie eingeführt. Die Verkaufsförderung erfolgt mit Verkostungen und Zugaben (Lebensmittelhandel: Zugabe eines Weizen-Bananenglases beim Kauf eines Kastens; Tankstelle: Zugabe einer Marzipanbanane zu jeder Flasche). Die Preispositionierung erfolgt im Premiumsegment.

Strategievorschlag 3: COOL (S)EX- das Party-Bier (Produktentwicklung)

Zielgruppen dieser Produktinnovation sind Partygänger zwischen 16 und 35 Jahren und Party- sowie Eventveranstalter. Der Marketing-Mix lässt sich folgendermaßen charakterisieren:

- Produkt
  o Durchsichtige 0,44 l-Flasche
  o Sich verändernde Bierfarbe je nach Temperatur
  o Schraubverschluss
  o Normaler Alkoholgehalt
  o Flaschenform: Männliche bzw. weibliche Torsos, die ergonomisch gestaltet sind und angenehm in der Hand liegen
  o Abgabe in Einzelflaschen, Six-Packs und (20er Kasten für den Großhandel)
- Preis
  o Positionierung im Premiumsegment
  o Bei Six-Packs: „Pay 5, get 6"
- Kommunikation
  o Sponsoring von Events inklusive Verkostungen vor Ort
  o Preisausschreiben
  o Verteilung von Kühlschränken, Partytischen und Sonnenschirmen an die (Szene-) Gastronomie
  o Give-Aways: Feuerzeuge
- Distribution
  o Vertriebskanäle: klassischer Lebensmittelhandel, Tankstellen und (Szene-)Gastronomie

12.2.4 Mischkalkulation

(a) Bei den Produkten A und B handelt es sich um sog. Ausgleichsnehmer. Bei diesen Produkten kann der kostenorientierte Stückpreis nicht am Markt realisiert werden, so dass hier Verluste in Höhe von 280,5 Tsd. Euro (= 127,5 Tsd. Euro + 153,0 Tsd. Euro) entstehen. Diese müssen von Produkt C (= Ausgleichsträger) übernommen werden, so dass hier der Stückpreis nach dem kalkulatorischen Stückpreis über dem kostenorientierten Stückpreis angesiedelt ist. Der Vollständigkeit halber sei angemerkt, dass man in der Realität versuchen würde, den Preis für Artikel C anzuheben und damit näher an eine Preisschwelle zu legen (z.B. 9,59 Euro).

Tab. 10: Beispiel für eine Mischkalkulation

	Artikel A	Artikel B	Artikel C
(1) (Geplanter) Absatz (in Tsd. Stück)	250	300	500
(2) Angestrebter Erlös (in Tsd. Euro)	2.000,00	3.000,00	4.500,00
(3) Kostenorientierter Stückpreis (in Euro)	8,00	10,00	9,00
(4) Realisierbarer Stückpreis (in Euro)	7,49	9,49	-
(5) = (1) x (4) Realisierbarer Erlös (in Tsd. Euro) (Absatz x realisierbarer Stückpreis)	1.872,5	2847,0	-
(6) = (5) - (2) Unterdeckung (in Tsd. Euro)	- 127,5	- 153,0	-
(7) = * Aggregiertes Erlösdefizit der Ausgleichsempfänger (in Tsd. Euro)	-	-	- 280,5
(8) = (2) - (7) Angestrebter Erlös nach dem kalkulatorischen Ausgleich (in Tsd. Euro)	-	-	4.780,5
(9) = (8) : (1) Stückpreis nach dem kalkulatorischen Ausgleich (in Euro)	7,49	9,49	9,56

12.2.5 Berechnung der Preiselastizität

Die Preiselastizität der Nachfrage dient zur Beurteilung von Preisänderungen und ist definiert als relative Änderung der Nachfrage in Relation zur relativen Änderung des Preises. Die Formel lautet: $\epsilon = -(dx/dp) \cdot (p/x)$. Im Falle von $\epsilon > 1$ spricht man von einer elastischen Nachfrage: Hier überkompensiert der Mengeneffekt den Preiseffekt, d.h. die Absatzsteigerung ist so groß, dass der Umsatz trotz Preissenkung steigt. Bei $\epsilon = 1$ handelt es sich um die sog. Indifferente Nachfrage. Hier wird der maximale Erlös erzielt. Bei $\epsilon < 1$ schließlich reagiert die Nachfrage unelastisch, d.h. der Preiseffekt überkompensiert den Mengeneffekt. Hier löst die Preissenkung einen Umsatzrückgang aus.

Die Preiselastizität der Nachfrage beträgt ϵ = - ((65.000   Stück – 60.000 Stück)/(7,20 Euro - 7,40 Euro)) • (7,40 Euro/60.000 Stück) = - (5.000 Stück /-0,20 Euro) • (0,0001233) = 3,08. Damit handelt es sich um eine elastische Nachfrage (ϵ > 1), der Mengeneffekt überkompensiert den Preiseffekt. Die Preissenkung führt demnach zu einer Umsatzsteigerung. Konkret beträgt der Umsatz 444.000 Euro im Falle des Abgabepreises an den Handel von 7,40 Euro. Senkt man den Preis hingegen auf 7,20 Euro, sind Umsätze in Höhe von 468.000 zu erwarten.

Bei der Interpretation der Preiselastizität darf keinesfalls vernachlässigt werden, dass hier nur Erlös- und damit Umsatzveränderungen betrachtet werden. Demnach lässt sich aus der Preiselastizität kein Rückschluss auf die Gewinnveränderung ziehen. So kann durch eine Preissenkung durchaus der Umsatz steigen, gleichzeitig führt aber die höhere Absatzmenge zu überproportionalen Kostensteigerungen, was in Extremfällen einen Gewinnrückgang bewirken kann. Folglich lässt sich eine gewinnmaximale Lösung nur durch eine flankierende Einbeziehung der Kosten ermitteln.

Lösungen zu den Kontrollaufgaben

Aufgabe 1.1: F, R, F, R.

Aufgabe 1.2: F, R, F, R.

Aufgabe 1.3: 1, 4, 2, 3.

Aufgabe 1.4: R, F, R, F, F.

Aufgabe 2.1: 5, 1, 4, 2, 3.

Aufgabe 2.2: R, R, F, R, R, F.

Aufgabe 2.3: R, F, F, R, R, F, F, R, F, R, R, F, R.

Aufgabe 2.4: R, F, F, F, R, R, F, R, R, F.

Aufgabe 2.5: R, R, R, R, F, F, F.

Aufgabe 2.6: F, F, R, F, R, R, F, R.

Aufgabe 3.1: Marketing-Ziele sind anzustrebende *Sollzustände* in der Zukunft, die auf der … *Situationsanalyse* … sprich Marktforschung basieren, mittels … *Marketing-Strategien* … sowie deren *operativer* Umsetzung angesteuert werden und damit letztlich den Ausgangspunkt der … *Marketing-Kontrolle* … bilden.

Aufgabe 3.2: ökonomische Ziele: *Absatz, Gewinn, Kostensenkung, mengenmäßiger Marktanteil, Umsatz;* psychographische Ziele: *Bekanntheitsgrad, Image, Kundenzufriedenheit;* monetäre Ziele: *Gewinn, Kostensenkung, Umsatz;* nicht-monetäre Ziele: *Absatz, Bekanntheitsgrad, Image, Kundenzufriedenheit, mengenmäßiger Marktanteil.*

Aufgabe 3.3: F, F, R, F, R, F

Aufgabe 3.4: Objektbezug: *PKW-Modell X der Marke YZ* ; Zielinhalt: *Umsatz;* Zielausmaß: *5 Mio. Euro;* Zeitbezug: *1. Quartal 2008;* Segmentbezug: *Privatkunden jünger als 40 Jahre;* räumlicher Bezug: *Verkaufsgebiet Westeuropa.*

Aufgabe 4.1: *Explorative Studien* …; *Deskriptive Studien* …; *Explikative Studien* …; *Normative Studien* …

Aufgabe 4.2: R, F, F, R, R, R, F.

Aufgabe 4.3: F, F, R, F, R, R, R, F.

Aufgabe 4.4: F, F, F, F, R, R, F, F.

Aufgabe 4.5: R, F, R, F, F, R, R, F, R, R, F, R, R.

Aufgabe 4.6: R, F, F, R, R, F, R, F, R.

Aufgabe 4.7: R, R, F, F.

Aufgabe 5.1: Kundenorientierte Strategien: *4, 5, 6, 8*; Konkurrenzorientierte Strategien: *3, 9, 1*; Kooperationsstrategien: *2, 10*.

Aufgabe 5.2: R, F, R, R, R, R, F, F, F, R.

Aufgabe 5.3: Bei der ... *horizontalen Diversifikation* ... erweitert ein Unternehmen das Leistungsspektrum auf der gleichen Wirtschaftsstufe durch verwandte Produkte. Im Zuge einer ... *vertikalen Diversifikation* ... wird das Leistungsangebot auf vor- bzw. nachgelagerte Wertschöpfungsstufen ausgedehnt. Erwirbt beispielsweise ein Hersteller einen Zulieferbetrieb, spricht man von ... *Rückwärtsintegration* ... Gründet er hingegen ein Factory Outlet, handelt es sich um eine Form der ... *Vorwärtsintegration* ... Bei der ... *lateralen Diversifikation* ... schließlich besteht keinerlei Beziehung zum bisherigen Leistungsangebot.

Aufgabe 5.4: F, F, R, F, R, R, F, R, F, R, F, R.

Aufgabe 5.5: Für eine erfolgreiche Präferenzstrategie ist es notwendig, für das Produkt eine ... *Premiummarke* ... aufzubauen, durch umfangreiche ... *Werbung* ... den Bekanntheits- und Vertrautheitsgrad zu steigern und einen ... *exklusiven* ... oder zumindest ... *selektiven* ... Vertrieb aufzubauen, um die Besonderheit des Erzeugnisses zu gewährleisten.

Nicht genutzte Begriffe: *flächendeckenden, Position, repräsentativen, Marktführerschaft, Promotion*.

Aufgabe 5.6: R, F, R, F, F, R.

Aufgabe 5.7: F, R, F, F, R, F, F, F, R.

Aufgabe 5.8: R, R, F, F, R.

Aufgabe 5.9: R, F, F, R, R, R, R, F.

Aufgabe 5.10: Beim ... *direkten Export* ... verkauft das Unternehmen seine Produkte selbst im Ausland, während beim ... *indirekten Export* ... Zwischenhändler, welche schon bestehende Distributionskanäle nutzen, diese Aufgabe übernehmen.

Aufgabe 5.11: Der Franchise- ... *Geber* ... verkauft dem Franchise- ... Nehmer ... bestimmte Rechte. Der Franchise- ... *Nehmer* ... erhält Zugriff auf bestehendes Know-how. Im Gegenzug muss der Franchise- ... *Nehmer* ... im Sinne des Franchise- ... *Gebers*.... handeln und die erhaltenen Leistungen durch eine Franchise-Gebühr entgelten. Der Franchise- ... *Geber* ... kann sein Absatzgebiet mit vergleichsweise geringem Aufwand ausdehnen. Der Franchise- ... *Nehmer* ... erhält mitunter auch eine Anschubfinanzierung.

Aufgabe 5.12: R, F, F, R, F, R, F.

Aufgabe 5.13: F, F, R, R, F, R, R, F, F, F, R, R, F, F, F, R, F.

Aufgabe 5.14: R, R, F, F, F, F, R.

Aufgabe 6.1: F, R, R, R.

Aufgabe 6.2: F, R, F, F, F, R, F, R, R, R, R, R, F, F, R.

Aufgabe 6.3: F, R, R, R, F, R, R, F, R, F, R, R, F, R, F, R, F.

Aufgabe 6.4: R, F, F, F, R, F.

Aufgabe 6.5: Material bzw. Herkunft der Güter: ... *Eisenwarengeschäft* ...; Bedarfskreis: ... *Baumarkt* ...; Niedrige Preislage: ... *Discounter* ...; Selbstverkäuflichkeit der Ware: ... *Discounter, Warenautomat* ...

Aufgabe 6.6: F, F, R, F, F, F, R, F, R.

Aufgabe 7.1: Preisbündelung: ...*(2) Festlegen eines Gesamtpreises für mehrere Produkte* ...; Preisdurchsetzung: ... *(5) Vertikale Preisempfehlung* ...; Preisdifferenzierung: ... *(4) Preisfestlegung für unterschiedliche Marktsegmente* ...; Preispositionierung: ... *(1) Festlegen der Preislagen* ...; Dynamische Preisstrategie: ... *(3) Fixierung der Einführungspreise und deren Veränderung im Zeitablauf* ...

Aufgabe 7.2: F, R, F, R, R, F, F, R, F.

Aufgabe 7.3: R, R, R, F, F, F, R.

Aufgabe 7.4: R, F, F, R, F, R, F, R, F, R, F.

Aufgabe 7.5: R, R, F, F, R, F, R, F, R, R, F, F.

Aufgabe 7.6: 10er Karte im Schwimmbad: ... *(1) Absatzmenge* ...; Tag- und Nachttarife eines Telefonanbieters: ... *(7) Zeit* ...; Unterschiedliche Gebühren für „klassische" und Online-Kontoführung: ... *(6) Vertriebsweg* ...; Unterschiedliche Museumseintrittspreise für Rentner, Behinderte, Kinder, Schüler, Studierende und Berufstätige: ... *(3) Person* ...; Unterschiedliche Preise für Autos in Deutschland und Italien: ... *(5) Raum* ...; Unterschiedliche Preise für ADAC- und ADACPlus-Mitgliedschaft: ... *(2) Leistung* ...; Unterschiedliche Preise für einzelne Produkte und Kombinationspackung aus Teigwaren, Olivenöl und Pasta-Sauce: ... *(4) Preisbündelung* ...

Aufgabe 7.7: R, F, R, R, F, F, R, R, R, F, R, F, R, F.

Aufgabe 7.8: R, F, R, R, F.

Aufgabe 7.9: F, R, R, F, F, R.

Aufgabe 7.10: ... *48 % Zinsen p.a. = (2 % x 360 Tage) : 15 Tage* ...

Aufgabe 8.1: F, F, R, F.

Aufgabe 8.2: ... *(5) Identifikation der für den Betrieb relevanten Standortfaktoren* ...; *(4) Gewichtung der Standortfaktoren nach ihrer Bedeutung für den Betrieb* ...; ... *(3) Bewertung der einzelnen Standorte anhand der Qualität der Standortfaktoren* ...; ... *(6) Multiplikation der Gewichtungsfaktoren mit der Qualitätsbewertung* ...; ... *(1) Addition der Punkte für jeden Standort* ...; ... *(2) Auswahl des Standorts mit der höchsten Punktzahl* ...*

Aufgabe 8.3: R, R, F, F, R, F, R, F, R, F, R, R.

Aufgabe 9.1: R, F, F, R, F..

Aufgabe 9.2: ... *Werbung* ...; ... *Verkaufsförderung (Sales Promotion)* ...; ... *Öffentlich-keitsarbeit (Public Relations)* ...

Aufgabe 9.3: *(4) Festlegung des Werbeobjekts, (5) Festlegung von Werbeziel, Zielgebiet und Zielperson, (3) Festlegung des Werbebudgets, (2) Auswahl von Werbeträger und –mittel, (1) Auswahl der Beeinflussungsstrategie, (6) Werbetiming.*

Aufgabe 9.4: ... *Verbraucherpromotions* ...; ... *Außendienstpromotions* ...; ... *Händler-Promotions* ...

Aufgabe 9.5: R, R, R, F, R, F, R, F, R, F, R, F, R, R, F, F, F, R, R.

Aufgabe 10.1: F, R, F, F, F, R, R, F.

Aufgabe 11.1: R, F, R, F, F, R, F, R, F.

Literaturverzeichnis

Ahlert, D.: Distributionspolitik, 3. Aufl., Stuttgart/Jena 1996.

Ansoff, H. I.: Management-Strategie, München 1966.

Backhaus, K./Büschken, J./Voeth, M.: Internationales Marketing, 3. Aufl., Stuttgart 1999.

Backhaus, K./Erichson, B./Plinke, W./Weiber, R.: Multivariate Analysemethoden. Eine anwendungsorientierte Einführung, in: www.marketing.uni-trier.de/multivariate/verfahren. Htm; Stand: 07.06.2002.

Backhaus, K.: Skript zur Vorlesung „Internationales Marketing", Betriebswirtschaftliches Institut für Anlagen und Systemtechnologien, Marketing Centrum Münster, Münster 2002.

Bagozzi, R. P./Rosa, J. A./Celly, K. S./Coronel, F.: Marketing-Management, München/Wien 2000.

Bänsch, A.: Einführung in die Marketing-Lehre, 4. Aufl., München 1998.

Bänsch, A.: Käuferverhalten, 8. Aufl., München/Wien 1998.

Becker, J.: Marketing- Konzeption, 7. Aufl., München 2001.

Behrends, C.: Ausgleichskalkulation, Kompensationskalkulation, Mischkalkulation, in: Diller, H. (Hrsg.): Vahlens Großes Marketinglexikon, München 2001, S. 78 - 79.

Bienert, M. L.: Standortmanagement. Methoden und Konzepte für Handels- und Dienstleistungsunternehmen, Wiesbaden 1996.

Biermann, T.: Dienstleistungsmanagement, Ludwigshafen am Rhein 2003.

Birkigt, K./Stadler, M. M./Funck, H. J. (Hrsg.): Corporate Identity: Grundlagen, Funktionen, Fallbeispiele, 9. Aufl., Landsberg am Lech 1998.

Böcker, F./Diller, F.: Portfolio-Analyse, in: Diller, H. (Hrsg.): Vahlens Großes Marketinglexikon, München 2001, S. 1273 - 1274.

Bodenstein, G./Spiller, A.: Marketing - Strategie, Instrumente und Organisation, Landsberg am Lech 1998.

Böhler, H.: Marktforschung, 2. Aufl., Stuttgart 1982.

Boston Consulting Group: Perspectives on Experience, Technical Report, Boston 1972.

Bredow, J./Seiffert, B.: Incoterms 2000, Bonn 2000.

Bruhn, M./Fröhlich, L.: Multimedia- Kommunikation, München 1997.

Bruhn, M.: Handbuch Markenartikel, Bd. 1, Stuttgart 1994.

Bruhn, M.: Kommunikationspolitik: Bedeutung, Strategien, Instrumente, 2. Aufl., München 2002.

Bruhn, M.: Marketing, 5. Aufl., Wiesbaden 2001.

Bunte, H.-J.: Preisempfehlung (rechtlich), in: Diller, H. (Hrsg.): Vahlens Großes Marketinglexikon, 2. Aufl., München 2001, S. 1310 - 1311.

Dean, J.: Managerial Economics, New York 1951.

Dean, J.: Pricing a New Product, in: Taylor, B./Willis, G. (Edt.): Pricing Strategy, London 1969, pp. 534 - 540.

Diller, H. (Hrsg.): Vahlens großes Marketing-Lexikon, 2. Aufl., München 2001.

Diller, H.: Distributionspolitik, in: Diller, H. (Hrsg.): Vahlens Großes Marketinglexikon, 2. Aufl., München 2001, S. 327 - 328.

Diller, H.: Ladengestaltung, in: Diller, H. (Hrsg.): Vahlens Großes Marketinglexikon, 2. Aufl., München 2001, S. 886 - 889.

Diller, H.: Preispolitik, 3. Aufl., Stuttgart 2000.

Diller, H.: Warenpräsentation im Handel, in: Diller, H. (Hrsg.): Vahlens Großes Marketinglexikon, 2. Aufl., München 2001, S. 1838 - 1839.

Dunst, K. H.: Portfolio-Management. Konzeption für die strategische Unternehmensführung, Berlin/New York 1979.

Esch, F.-R. (Hrsg.): Moderne Markenführung. Grundlagen - innovative Ansätze - praktische Umsetzungen, Wiesbaden 1999.

Fassnacht, M.: Preisdifferenzierung bei Dienstleistungen, Wiesbaden 1996.

Faulstich, W.: Grundwissen Öffentlichkeitsarbeit, Stuttgart/Jena 2000.

Fischer, M.: Produktlebenszyklus, Lebenszyklus, in: Diller, H. (Hrsg.): Vahlens Großes Marketinglexikon, 2. Aufl., München 2001, S. 1407 - 1409.

Froböse, M./Kaapke, A.: Marketing, Frankfurt/New York 2000.

Gedenk, K.: Zweitplatzierungen, in: Diller, H. (Hrsg.): Vahlens Großes Marketinglexikon, 2. Aufl., München 2001, S. 1946 - 1947.

Gilbert, X./Strebel, P. J.: Outpacing Strategies, in: IMEDE - Perspective for Managers, Vol. 9 (1985), Nr. 2, zitiert nach Kleinaltenkamp, M.: Die Dynamisierung strategischer Marketing-Konzepte, in: ZfbF - Zeitschrift für betriebswirtschaftliche Forschung, 39. Jg. (1987), Nr. 1, S. 31 - 52.

Haller, S.: Handels-Marketing, 2. Aufl., Ludwigshafen am Rhein 2001.

Heinrich, G. M./Hüchtermann, M./Nowak, S.: Macht Sponsoring Schule? Kölner Texte & Thesen Nr. 63, herausgegeben vom Institut der deutschen Wirtschaft, Köln 2002.

Herrmann, A.: Produktpolitik, München 1998.

Herrmanns, A./Wißmeier, U. K.: Internationales Marketing-Management, München 1995.

Horváth, P.: Controlling, 8. Aufl., München 2002.

Kaapke, A./Froböse, M.: Fallstudien zum Handelsmanagement, Stuttgart/Berlin/Köln 1999.

Knop, C.: Wenn der neue Computer zum alten Eisen wird, in: Frankfurter Allgemeine Zeitung, Nr. 139 vom 18.06.2004, S. 18.

Köhler, R.: Marketing-Audit, in: Diller, H. (Hrsg.): Vahlens Großes Marketinglexikon, 2. Aufl., München 2001, S. 965 - 966.

Köhler, R.: Wirkungskontrolle, in: Diller, H. (Hrsg.): Vahlens Großes Marketinglexikon, 2. Aufl., München 2001, S. 1913 - 1914.

Körfer-Schün, P.: Von der Produktvielfalt zur Markenkompetenz: Konzeptmarken für den Weltmarkt entwickeln, in: Schöttle, K. (Hrsg.): Jahrbuch des Marketing, Wiesbaden 1990, S. 88 - 96.

Kroeber-Riel, W./Weinberg, P.: Konsumentenverhalten, 7. Aufl., München 1999.

Kuß, A./Tomczak, T.: Käuferverhalten, 2. Aufl., Stuttgart 2000.

Kuß, A.: Kaufentscheidung, in: Diller, H. (Hrsg.): Vahlens großes Marketing-Lexikon, 2. Aufl., München 2001, S. 744 - 746.

Lehmann, S.: Patent lebt, in: Berlin – das Magazin der Hauptstadt, Nr. 1, Dezember 2004, S. 18 – 19.

Lerchenmüller, M.: Handelsbetriebslehre, 2. Aufl., Ludwigshafen 1995.

Levitt, T.: The Globalization of Markets, in: Harvard Business Review, Vol. 61 (1983), No. 3, pp. 92 - 102.

McDonald´s Deutschland Inc. (Hrsg.): Broschüre McDonald´s & Nährwert, München 2000.

McDonald´s Deutschland Inc. (Hrsg.): Broschüre McDonald´s & Qualität, München 2001.

McDonald´s Deutschland Inc. (Hrsg.): Broschüre McDonald´s & Umwelt, München 2002.

Meffert, H./Bolz, I.: Internationales Marketing-Management, 3. Aufl., Stuttgart 1999.

Meffert, H./Bruhn, M.: Dienstleistungsmarketing. Grundlagen, Konzepte, Methoden, 2. Aufl., Wiesbaden 1997.

Meffert, H.: Marketing (Grundlagen), in: Diller, H. (Hrsg.): Vahlens Großes Marketinglexikon, 2. Aufl., München 2001, S. 957 - 963.

Meffert, H.: Marketing Arbeitsbuch, Aufgaben - Fallstudien - Lösungen, 6. Aufl., Wiesbaden 1997.

Meffert, H.: Marketing, 9. Aufl., Wiesbaden 2000.

Meffert, H.: Marketingforschung und Käuferverhalten, 2. Aufl., Wiesbaden 1992.

Meissner, H. G.: Strategisches internationales Marketing, Heidelberg u.a. 1987.

Meyer, A. (Hrsg.): Handbuch Dienstleistungs-Marketing, Stuttgart 1998.

Müller, S./Kornmeier, M.: Strategisches Internationales Management, München 2002.

Müller-Hagedorn, L.: Handelsmarketing, 3. Aufl., Stuttgart 2002.

Müller-Hagedorn, L.: Standort im Handel, in: Diller, H. (Hrsg.): Vahlens Großes Marketinglexikon, 2. Aufl., München 2001, S. 1601 - 1603.

Müller-Hagedorn, L.: Standortfaktoren, in: Diller, H. (Hrsg.): Vahlens Großes Marketinglexikon, 2. Aufl., München 2001, S. 1600 - 1601.

Nieschlag, R./Dichtl, E./Hörschgen, H.: Marketing, 18. Aufl., Berlin 1997; 19. Aufl., Berlin 2002.

O. V.: „Dasani"-Rückzug bewahrt Coke Deutschland vor neuer Baustelle, in: LebensmittelZeitung, Nr. 13 vom 26.03.2004, S. 18.

O. V.: Falsche Standortwahl häufig Ursache von Unternehmenskrisen, in: Frankfurter Allgemeine Zeitung, Nr. 142 vom 23.06.2003, S. 19.

O. V.: Weltweite Plattform-Strategie auf dem Prüfstand, in: Frankfurter Allgemeine Zeitung, Nr. 96 vom 24.04.2004, S. 17.

O. V.: Aspirin als Muster der Markenpflege, in: Frankfurter Allgemeine Zeitung, Nr. 225 vom 27. September 2004, S. 18.

O. V.: Maggi macht mit Handel gemeinsame Sache, in: LebensmittelZeitung, Nr. 43 vom 22.10.2004, S. 45.

O. V.: Mehr Werbung, mehr Marktanteil, in: Frankfurter Allgemeine Zeitung, Nr. 57 vom 08.03.2004, S. 22.

Payne, J./Bettman, J./Johnson, E.: The Adaptive Decision Maker, Cambridge 1993.

Pepels, W.: Marketing, 3. Aufl., München/Wien 2000.

Pepels, W: Einführung in das Dienstleistungsmarketing, München 1995.

Pfohl, H.-Ch.: Logistiksysteme. Betriebswirtschaftliche Grundlagen, 5. Aufl, Berlin u.a. 1996.

Porter, M. E.: Wettbewerbsstrategie: Methoden zur Analyse von Branchen und Konkurrenten, 10. Aufl., Frankfurt am Main 1999a.

Porter, M. E.: Wettbewerbsvorteile, 9. Aufl., Frankfurt am Main 1999b.

Raben, H.-J.: HB - Zum Relaunch einer Marke, in: Markenartikel, 57. Jg. (1995), Nr. 9, S. 418 - 420.

Reinecke, S./Tomczak, T./Dittrich, S. (Hrsg.): Marketingcontrolling, St. Gallen 1998.

Rivinius, C.: Verpackung, in: Diller, H. (Hrsg.): Vahlens großes Marketinglexikon, 2. Aufl., München 2001, S. 1783 - 1784.

Rode, J.: Informationen für bessere Geschäfte, in: LebensmittelZeitung, Nr. 30 vom 23.07.2004, S. 25.

Roeb, Th.: Generation Aldi wird erwachsen, in: LebensmittelZeitung, Nr. 14 vom 02.04.2004, S. 48 - 49.

Sand, H./Hörner, W.: Praktische Beispiele erfolgreicher Marktforschung vom Schreibtisch aus, Kissing 1981.

Schneider, W./Hennig, A.: Kennzahlen Marketing und Vertrieb, Landsberg am Lech 2001.

Schneider, W./Müller, St./Mai, T.: Kommunikationswirkung von Sozio-Sponsoring - Erfolgskontrolle mit Hilfe eines experimentellen Designs, in: Marktforschung & Management, 35. Jg. (1991), Nr. 3, S. 129 - 134.

Schröder, H./Ahlert, D.: Vertriebswegepolitik, in: Diller, H. (Hrsg.): Vahlens Großes Marketinglexikon, 2. Aufl., München 2001, S. 1809 - 1814.

Schweiger, G./Schrattenecker, G.: Werbung, 4. Aufl., Stuttgart 1995; 5. Aufl., Stuttgart 2001.

Silvretta Seilbahn AG: Prospekt „Tarife Winter 2004/05 der Silvretta Seilbahn AG", aus: www.silvretta.at; Stand: 25.03.2005.

Simon, H.: Preismanagement - Analyse, Strategie, Umsetzung, 2. Aufl., Wiesbaden 1992.

Skiera, B.: Auktionen, in: Albers, S./Clement, M./Peters, K. (Hrsg.): Marketing mit Interaktiven Medien. Strategien zum Markterfolg, Frankfurt am Main 1998, S. 297 - 310.

Specht, G.: Distributionspolitik, 3. Aufl., Stuttgart 1998.

Stabernack, W. (Hrsg.): Verpackung - Medium im Trend der Wünsche, München 1998.

Steffenhagen, H.: Rabatte, in: Diller, H. (Hrsg.): Vahlens Großes Marketinglexikon, 2. Aufl., München 2001, S. 1459 - 1460.

Stender-Monhemius, K.: Einführung in die Kommunikationspolitik, München 1999.

Tennagen, U.: Produktrelaunch in der Konsumgüterindustrie: Diagnosekonzept zur Auswahl, Ermittlung und Bewertung von Informationen, Wiesbaden 1993.

Thiel, M. H.: Strategische Produktpolitik, in: www.unibw-muenchen.de/campus/ WOW/v10 41/Teil-4.pdf; Stand: 26.08.2003.

Töpfer, A.: Marketing-Audit, in: Tietz, B./Köhler, R./Zentes, J. (Hrsg.): Handwörterbuch des Marketing, 2. Aufl., Stuttgart 1995, Sp. 1533 - 1541.

Trommsdorff, V./Binsack, M.: Wie Marketing Innovationen durchsetzt, in: absatzwirtschaft 40. Jg. (1997), Nr. 11, S. 60 - 65.

Uhr, W./Müller, S. (Hrsg.): BWL Lernsoftware Interaktiv: Marketing, Stuttgart 1998.

Unger, F. (Hrsg.): Konsumentenpsychologie und Markenartikel, Heidelberg/Wien 1986.

Vershofen, W.: Handbuch der Verbrauchsforschung, Berlin 1940.

Von der Heydt, A.: Efficient Consumer Response (ECR) - Basisstrategien und Grundtechniken, zentrale Erfolgsfaktoren sowie globaler Implementierungsplan, 2. Aufl., Frankfurt am Main 1997.

Von Reibnitz, U.: Szenarien - Optionen für die Zukunft, Hamburg u.a. 1987.

Watson, G. H.: Benchmarking, Vom Besten Lernen, Landsberg am Lech 1993.

Weis, H. Chr.: Marketing, 13., überarb. u. aktualis. Aufl., Ludwigshafen 2004.

Winkelmann, P.: Vertriebskonzeption und Vertriebssteuerung, München 2000.

Wübker, G.: Preisbündelung. Formen, Theorie, Messung und Umsetzung, Wiesbaden 1998.

www.aspirin.de; Stand: 02.05.2003.

www.btinternet.com; Stand: 20.03.2003.

www.business.com; Stand: 20.03.2003.

www.controllerspielwiese.de/Inhalte/Toolbox/ref004.htm; Stand: 24.12.2002.

www.fbwi.fh-karlsruhe.de/existenzgruendung/Basiskurs/Orientierung/Ostandort-analyseT.htm; Stand: 20.03.2003.

www.frankfurt-main.ihk.de/starthilfe_foerderung/existenzgruendung/basisinfos/ standort/#; Stand: 20.03.2003.

www.funny-downloads.de; Stand: 20.03.2003.

www.newcome.de/gruenderguide/Der_Standort/Einstieg_Standort.php; Stand: 20. 03.2003.

www.mcdonalds.de; Stand: 04.04.2003.

Zentes, J.: Scanner, in: Diller, H. (Hrsg.): Vahlens großes Marketinglexikon, 2. Aufl., München 2001, S. 1508.

Zernisch, P.: Relaunch bekannter Marken, in: Markenartikel, 54. Jg. (1992), Nr. 9, S. 418 - 419.

Zindel, K.: Voraussetzungen für einen erfolgreichen Relaunch von Konsumgütern: mit Fallbeispiel Relaunch einer Marke im Heim-Haarpflege-Markt, Reutlingen 1986.

Stichwortverzeichnis

Druck: Krips bv, Meppel
Verarbeitung: Stürtz, Würzburg